# 鶏糞を使いこなす

村上圭一・藤原俊六郎 著

農文協

# はじめに

二〇〇八年には世界的な肥料の大高騰があり、とりわけリン酸肥料の高騰が著しかった。この影響を受け、家畜糞尿や堆肥に含まれる肥料成分を評価し、化成肥料から代替しようとする動きが強まった。

鶏糞は肥料として古くから使われてきた。人とニワトリとの付き合いは古く、万葉集にもニワトリを詠んだ歌がある。ニワトリは恋歌や朝の知らせとして歌われ、古代から人々の生活と密着していたことがわかる。江戸時代の『農稼肥培論』にも「鶏は神代の時代から世界中に功徳を施す鳥である」と表現されている。

ニワトリは肉と卵を食用に、羽を防寒具などに、ムダなく利用できる家きんであるが、その糞も魅力に富んでいる。これは、ニワトリの腸管が短く、摂取した養分の多くが糞として排出されるためである。ニワトリは有機質肥料製造工場と呼べるほど、鶏糞は良質の肥料成分を含む。反面、取り扱いによっては悪臭の発生源となり、敬遠されることもある。

本書では、ニワトリのエサから糞までの基礎知識に始まり、できる限り養鶏現場の実態を踏まえながら、豊かな肥料成分をもつ鶏糞の特性を田畑で最大限に発揮させるための技術を、具体的な研究データに基づいて解説した。さらに、この安価で優れた資材がもっと売れるための方法についても紹介した。

これは、安価な鶏糞を耕種農家が肥料として上手に使えるようになること、魅力的な鶏糞を畜産農家が商品として上手につくれるようになること、それを両者ともに実践していただきたいという強い思いからである。本書を、鶏糞利用のハンドブックとして生産現場で役立てていただければ幸いである。なお、有機物の堆肥化や施用法については藤原俊六郎著『堆肥のつくり方・使い方』（農文協刊）も参考にしていただきたい。

二〇一一年三月十一日の東日本大震災によって、エネルギー問題をはじめ、私たちはライフスタイルの見直しを迫られることとなった。急速に進む世界経済の悪化、ＴＰＰに代表される自由化の影響から、農業のあり方も大きな見直しが迫られている。急激な時代の変化に対応できるほど農業は単純でないが、今こそ、本書で示したように、身近な素材を有効に活用する技術が求められているのではないだろうか。この混沌とした時代に、ニワトリの声が明るい農業の朝を告げてくれることを期待している。

本書の作成にあたっては、多くの先輩や友人、現場生産者に直接あるいは文献、資料を通じて示唆を受けた。これらの方々、さらに本書を非常に読みやすくしてくれた農文協編集部、イラストレーターの方々に心から感謝いたします。

二〇一二年二月

村上圭一・藤原俊六郎

# 目次


はじめに　1

## 第1章　身近な格安肥料「鶏糞」を見直す

悪い鶏糞イメージ、もう古い……10
とにかく安い!　唯一値上がりしなかった肥料……10
でも、クサイ!——扱い方次第で抑えられる……10
作物に害が出る?——今の発酵鶏糞は問題ない……12
抗生物質は?——田畑への影響は考えられない……13
鶏糞を見直し、世界的な肥料高騰を乗り切ろう……15

三要素がほどよく、石灰にも富む……15
袋の表示が「たい肥」でも、成分は「肥料」並み……15
「窒素」「カリ」はやや割高、「リン酸」は割安……17
「石灰」がたっぷり、卵用鶏糞で一五%くらい……18
肉用鶏、液卵用鶏、種鶏の鶏糞は石灰が少ない……19
「苦土」が不足、他の資材で補えば完全配合肥料……20
ホウ素、モリブデンなどの「微量要素」も供給……21
■農書『農稼肥培論』にみる鶏糞の効果……23

見た目(仕様)による長所と短所……24

袋（広域）からバラ（地元）、自給（庭先）まで …… 24
入手しやすい「発酵鶏糞」——未熟害より過剰害 …… 26
安い「ナマ鶏糞」「乾燥鶏糞」——還元害に注意 …… 27
扱いやすい「ペレット鶏糞」——製法に二種類 …… 29
■値上がりしなかった石灰窒素、養鶏でも利用 …… 32

## 第2章 ニワトリから鶏糞までの基礎知識

まずは「ニワトリ」の話から …… 34
糞は一日あたり卵用鶏一三六g、肉用鶏一三〇g …… 34
牛や豚よりも腸が短く、エサの栄養吸収率も低い …… 35
エサは多種多様な有機物、ほとんどそのまま糞に …… 36
最近は飼料中のリンが減少、糞のリン含量も減少 …… 38
「尿酸」態窒素だからクサイ …… 39
ドロリ白いオシッコ「尿酸」混じりの糞を排せつ …… 39
「常在菌」が出す酵素ウリカーゼによって分解 …… 41
敷料がなく、尿を分離せず、「C／N比」が低い …… 41
石灰でpH上昇、アンモニアが「ガス」で揮散 …… 44
■人は尿酸がたまると「痛風」になる …… 45
窒素の量は「飼い方」で変わる …… 47

# 目次


低床式から高床式、ウインドレス、平飼いまで …… 47
空気に触れる時間の長さ、除糞の頻度で決まる …… 50

**窒素の量は「堆肥化」でも変わる** …… 53
主流は「開放型」、人口密集地域で「密閉型」 …… 53
低床式（高床式）＋開放型＝リン酸・石灰肥料 …… 55
ウインドレス＋密閉型（火力乾燥）＝窒素肥料 …… 56
平飼い＋副資材混合・堆積発酵＝土づくり堆肥 …… 58
■**鶏糞の親戚!? 鳥の糞などに由来する「グアノ」** …… 59

## 第3章 長所を活かし、短所を補う使い方

**効く窒素の割合を計算する** …… 62
表示の全窒素（％）すべてが効くわけではない …… 62
効く窒素は一・二一×全窒素マイナス二・〇五（％） …… 63
窒素の肥効率は鶏糞それぞれに大きな幅がある …… 64
バラ流通など、成分表示がない鶏糞の判断目安 …… 66

**鶏糞主体の施肥設計を組む** …… 67
鶏糞主体の施肥で連作すると土が硬くなる!? …… 67
■**土の硬さを測る「ものさし」利用法** …… 68
窒素に合わせるとリン酸・石灰が過剰になる …… 68

窒素の不足分と苦土の必要量は別の資材で補う …… 69
石灰に富む鶏糞を土壌の酸性改良に使うと…… 71

悪臭・ムダを出さずに散布 …… 72

できるだけ空気にさらさない、風に乗せない …… 72
目からウロコ！　鶏糞の袋ごと引きずり散布 …… 72
■小さな畑なら、袋ごと引きずり施用 …… 73
機械はスプレッダーでなく、ライムソワーで …… 76
散布後すみやかな土壌混和で窒素の揮散を防ぐ …… 77

作物別　使い方のポイント …… 78

水稲は元肥が移植七日前、穂肥は化成の二日前 …… 78
果菜類は株から離して施用、葉菜類は全面施用 …… 80
根菜類は条間に持ち肥、イモ類は株間にドサッ …… 82
果樹類では遅効きの心配無用、石灰の補給にも …… 82
茶ではナマ鶏糞でウネ間の刈り落としを堆肥化 …… 83

## 第4章　養鶏家のための売れる鶏糞のつくり方

養鶏業の足を引っ張る鶏糞 …… 86

唯一値上がりしなかった鶏糞の恒常的ダブツキ …… 86
高水分、冬期の低温で堆肥化が順調に進まない …… 86

# 目次


堆肥化にともなう臭気に対する近隣からの苦情……87
養鶏家を悩ませる、鶏糞の処理経費増大と販路……88

## 利用者が求める鶏糞とは？……88

製品の成分安定が利用上、不可欠の条件だが……88
耕種農家が求める「完熟」、鶏糞では無理がある……89
まず「見た目」が受け入れられなければならない……89
利用者の興味を引く、短くてわかりやすい言葉で……90

## ペレットでもっと売れる……91

ハンドリングの改善で鶏糞の広域流通が可能に……91
コストを抑えるには、原料の水分低下が不可欠……92
濃度障害が出にくく、製造時の摩擦熱で殺菌も……92

## 「高窒素化」でもっと売れる……93

ウインドレス鶏舎の鶏糞を密閉縦型発酵式で製造……93
有機・無機を問わず窒素主体で設計を組みやすい……94
高窒素鶏糞はこうしてつくる――いかに窒素を残すか……95
▼乾燥装置のあるウインドレス鶏舎で　95
▼高温を維持できる密閉縦型発酵式　95
▼もっと低コスト省力的につくるには……　96

## 「普通肥料」でもっと売れる……97

肥料取締法での普通肥料の加工家きんふん肥料 …… 97
従来の鶏糞堆肥（特殊肥料）と異なる登録手続き …… 100
他の肥料を加えた「指定配合肥料」で多様な展開 …… 101
一袋（一五kg）五〇〇円でよく売れる「*Suzuka* 有機」 …… 101
■高窒素型鶏糞から普通肥料、指定配合肥料へ …… 103

## 〈巻末付録〉よくある疑問　手がかりと手引き

鶏糞で栽培した野菜が枯れてしまったのはなぜか？ …… 104
どうして牛糞や豚糞よりも窒素成分が高いのか？ …… 105
どうして鶏糞はモノによって窒素成分が違うのか？ …… 105
表示されている窒素成分で施肥量を決めていいか？ …… 106
鶏糞のアンモニア臭を和らげる散布方法は？ …… 107
鶏糞と牛糞をどのように使い分けたらよいか？ …… 107
どうしたら鶏糞がよく売れるようになるのか？ …… 108
鶏糞を上手に発酵させるポイントをつかむには？ …… 109
鶏糞をペレット化するには、どの機械がよいか？ …… 110
鶏糞を生産・販売するために必要な手続きは？ …… 111

参考文献　113

イラスト／タカダ　カズヤ

# 第1章

# 身近な格安肥料「鶏糞」を見直す

# 悪い鶏糞イメージ、もう古い

## とにかく安い！　唯一値上がりしなかった肥料

平成二十年、農業界に激震が走った。「肥料高騰」である。一年間でリン安価格は約五倍にまではね上がった。原油の値段が上がって、ガソリンやプラスチックの値段が上がるのはわかるが、なんで肥料まで上がるのか？

たとえば尿素は原料が原油（ナフサ）であるが、リン酸はリン鉱石、カリもカリ鉱石といった天然資源であり、石油製品ではない。全農が取り扱っている肥料原料は約一一〇万tで、尿素一〇万t、リン安二五万t、カリ三五万t、リン鉱石四〇万t。日本はそのほとんどを海外から輸入している。

原産国は、それぞれマレーシア、アメリカ、ヨルダン、中国、カナダ、ロシア、ドイツ、モロッコなどである（図1―1）。石灰であれば石灰岩が日本にあるが、三要素は外国頼み。とくに、リンとカリは一〇〇％輸入にたよっている。肥料の値上がりは原料の値上がりとともに、原料を運ぶ船舶などの燃料（原油）が値上がりして、それも大きく影響した。

このように肥料がほとんど値上がりした中、鶏糞の値上がり幅は異常に小さかった。鶏糞は国産であるものの、乾燥糞が多く、製品化するにはやはり化石燃料の助けが必要である。にもかかわらず、ガソリンや灯油が上がっても、鶏糞は上がるそぶりも見せなかった。

これは鶏糞が養鶏業の副産物だからである。田舎ではトラックの荷台に満タンになった鶏糞がよく見受けられる。なかなかうまく鶏糞を処理できない畜産農家は、自分の水田や畑にドッサリ撒いている（図1―2）。鶏糞は需要に対して供給過剰状態にあり、値上げしようにもできないのである。

## でも、クサイ！　――扱い方次第で抑えられる

牛糞や豚糞は、排せつされた直後には独特の糞尿臭はあるものの、悪臭物質の発生はほとんどない。悪臭物質は、糞尿に含まれている分解されや

すい有機物が腐敗微生物（嫌気性菌）に分解されるときに発生する。また、糞が尿と混ざり合うことでより嫌気的になり悪臭が発生する。これは本来、無臭の尿素がアンモニアなどに分解されることによって、嫌気的条件で硫化水素やメチルメルカプタンなどが生成されるためである。

鶏糞はときに目を突くようなクサイやつもある（図1―3）。ニオイの原因はやはりアンモニア。クサイ、クサイといっても消臭剤で消えるほどヤワなニオイではない。鶏糞には「尿酸」なるものが含まれており、この尿酸が分解されるとアンモニアになってしまう。もともと鶏糞はアンモニアがガスになりやすい性質もある。

ニオイを和らげる一番の方法は、鶏糞や鶏糞堆肥を空気に触れさせないようにすることだ。尿酸をアンモニアにしてしまう主役は微生物。しかも

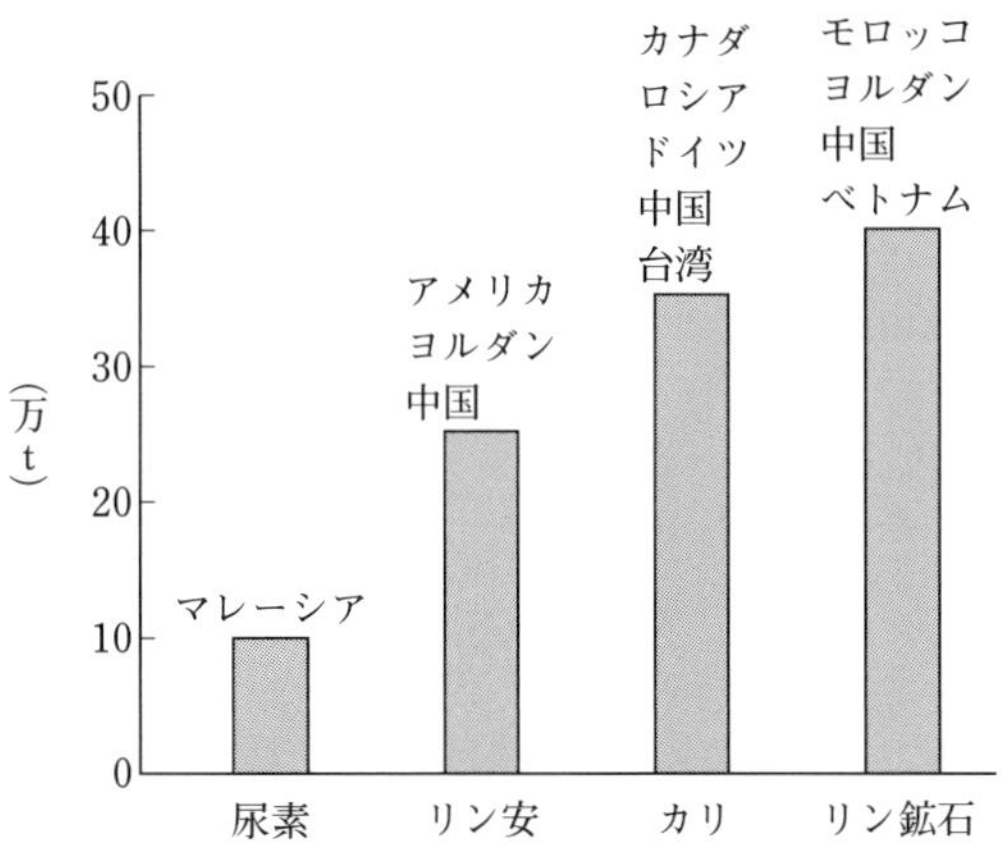


**図1―1　わが国の肥料原料輸入量と輸入先**
（2008、JA全農）

**図1―2　田畑に大量に施される鶏糞**

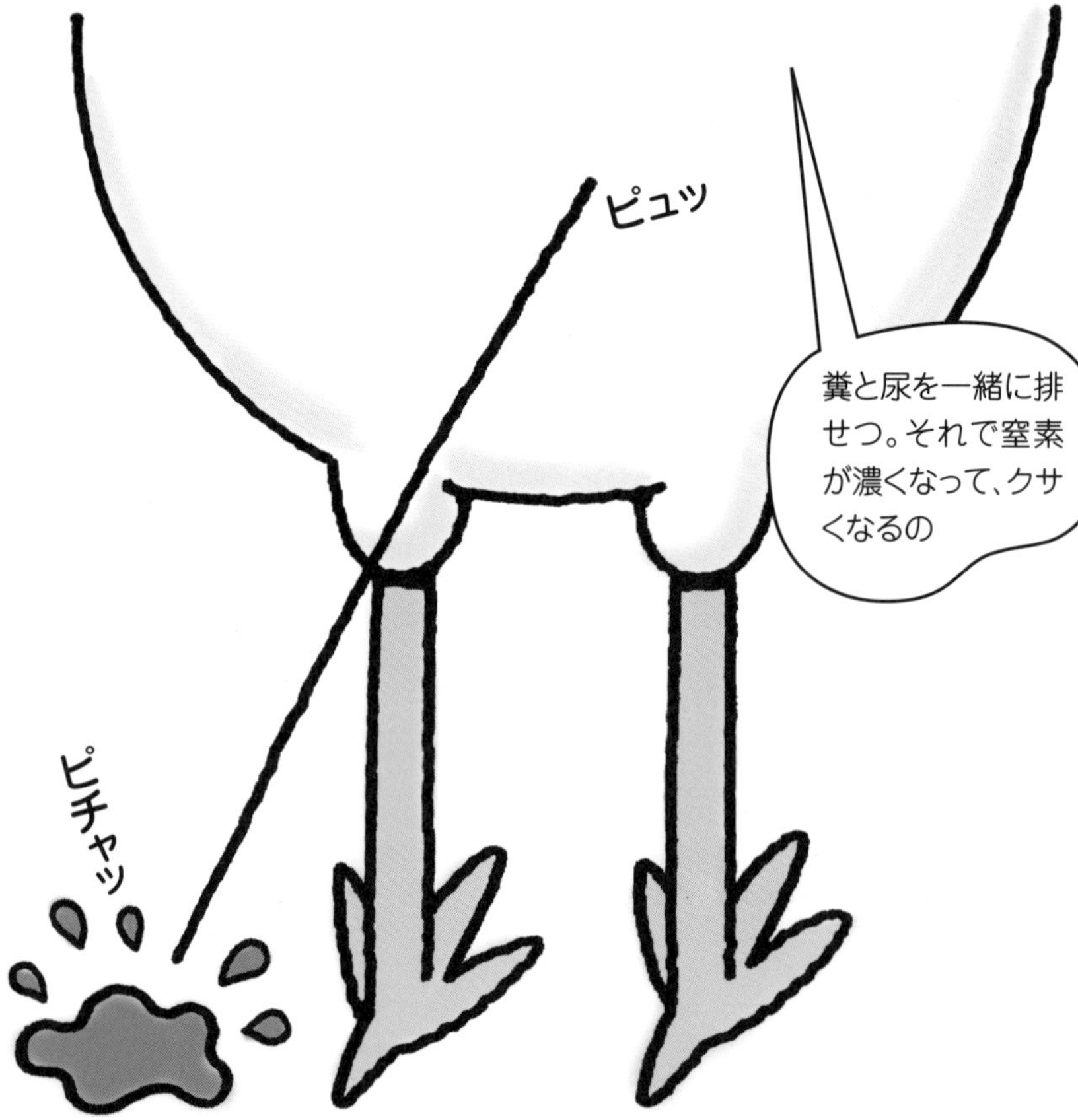


図1−3　どうしてこんなに、クサイのか？

空気（酸素）が大好きな細菌とよばれる微生物。空気がなければなかなか活動できない。堆肥化や流通段階でも積極的に空気にさらさないことがニオイを断ち切る技術といえる。

悪臭の代表アンモニアは、タンパク質が分解されて生成し、空気よりも軽く、鼻をつくニオイがする。吉草酸・酪酸などの低級脂肪酸系は炭水化物由来で汗くさいニオイがする。もっとも嫌なニオイは、硫化水素やメチルメルカプタンなどの硫黄分由来成分で空気より重く、腐ったニオイがする。いずれも水に溶けやすい。

## 作物に害が出る？
## ——今の発酵鶏糞は問題ない

昔は、鶏糞を撒きすぎて「害が出た！」という話をよく耳にした。M県のKさんやMさんとのやり取りをよく覚えている。

Kさんは「わしはの、畑に乾燥鶏糞をばら撒いたんじゃが、ニオイがキツすぎる。〝ニオイが少ない〟と表示されたのを買ってきたんじゃが、それでもキツいのう。上から土をかぶせたんじゃが、まったくムダやった。ハクサイの苗まで全部枯れてしもうたわい」と。

Mさんは「一枚の田んぼで、水を入れて代かきをする前に、発酵させずに乾燥させただけの鶏糞を鶏屋さんから軽トラ一台分もらって田んぼにばら撒き、浅く代かきをして、直後に田植えをした。周囲からは〝ナマ鶏糞を入れるなんて、あかんやろ（駄目だろう）〟といわれて馬鹿にされた。一週間して苗は枯れていった」と。このときMさんは「人の話は聞くものだ」と思ったそうだ。

図1−4　上がナマ鶏糞、下が発酵鶏糞

しかし、「鶏糞を撒いて害が出た！　どうして？」という問い合わせは最近少なくなった。これは、流通している鶏糞堆肥に「ナマ鶏糞」が少なくなったからだ（図1−4）。糞尿処理の法律が施行され、「作物に害のないような鶏糞堆肥をつくる」という常識が畜産農家に浸透してきている。耕種農家にしても鶏糞を一反の畑に牛糞堆肥のように三tも四tも力任せに撒く人はいなくなった。ナマ鶏糞を三tも撒けば、窒素が六〇kgも投入された計算になるので、作物が枯れるのはあたりまえだろう。

## 抗生物質は？
## ——田畑への影響は考えられない

耕種農家から菜園家まで「鶏糞には抗生物質が含まれていて、それが田畑に悪さをするのではないか？」という不安がある。

たしかに昔は、飼料に抗生物質が混ぜられていて、「産卵率が上がる」「何でも病気が治る」といった迷信が養鶏業界にはあった。今でも育成段階では「何日齢にまでは使用できる」という基準がある（図1―5）。

しかし、卵用鶏では昔のように抗生物質を使わなくなっている。ニワトリの病気は「ワクチネーション」（病気への抵抗力＝免疫をつける予防接種）で防ぐのが基本になっているからだ。育成期間にワクチンを投与することで病気を防ぎ、産卵が始まる以前から抗生物質は使用していない。肉用鶏でもプロバイオティクス（消化器系のバランスを整え、病気の発生を未然に抑える微生物の利用）が普及している。

デンマークでは、飼料に抗生物質の混入を続けた結果、耐性菌が問題になったため、治療のための利用を除いて、抗生物質の飼料混入が禁止された。日本では今のところ、デンマークのような耐性菌による弊害の報告はない。もちろん、抗生物質は使わないほうがよいことは当然だ。

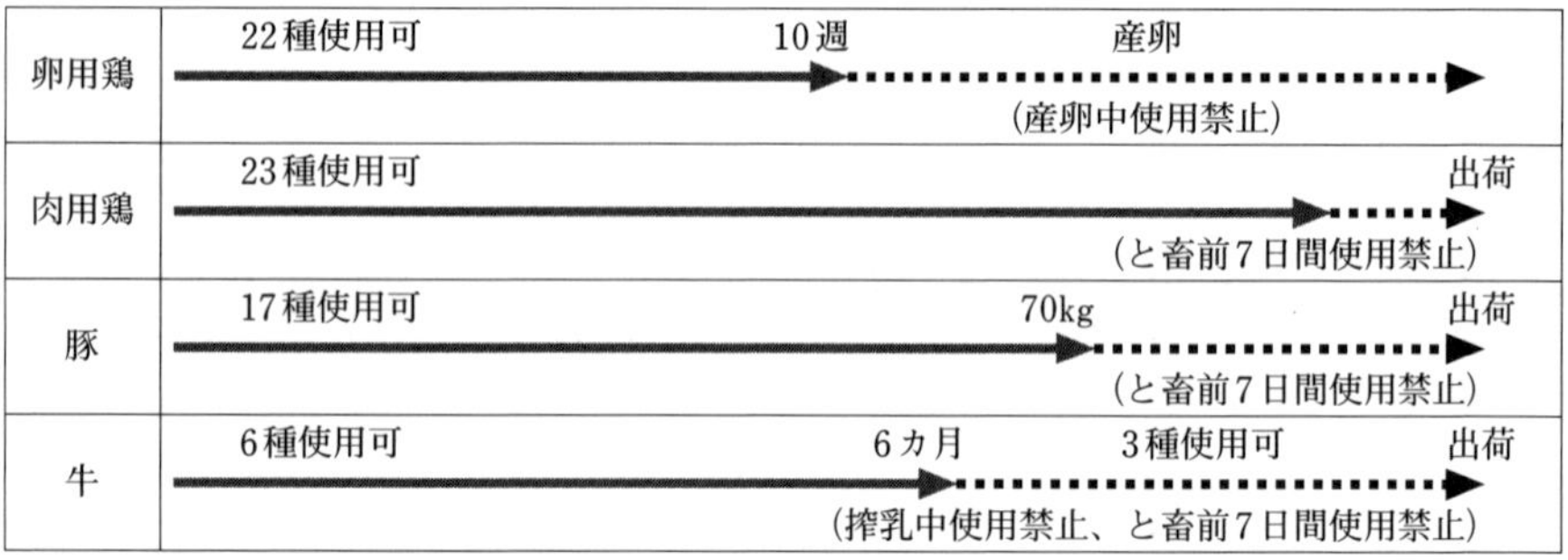


**図1―5　抗菌飼料添加物の使用期間**

## 鶏糞を見直し、世界的な肥料高騰を乗り切ろう

わが国の卵用鶏は年間約一億四〇〇〇万羽、肉用鶏は約一億羽で、合計すると約二億四〇〇〇万羽のニワトリが飼育されている。ニワトリが一日に排せつする糞の量は約一三〇gなので、日本全体で三万一二〇〇tとなる。ちなみにニワトリが一日に食べるエサの量は二万六四〇〇tで、その約二割増しで排せつされていることになる。

この糞を一坪に二kg施肥すると一日あたり約一五六〇万坪、すなわち約五二〇〇haの農地に還元できる。これは年間約一九〇万haとなり、わが国の耕地面積四六〇万九〇〇〇ha(平成二十一年)の四〇%以上を占める計算になる。

鶏糞は昔から家畜糞堆肥の中でも速効性の肥料として身近に使われてきた。肥料高騰をへて、そこいらの鶏糞がみんななくなってしまうほど、空前の鶏糞ブームが到来している。食料増産、バイオマスエネルギー利用など需要が高まる中で、世界的にリン酸肥料を中心に肥料争奪戦がますます激化しているが、争奪戦に参加しないような工夫も必要だ。今こそ、国内資源「鶏糞」を見直そう。

# 三要素がほどよく、石灰にも富む

## 袋の表示が「たい肥」でも、成分は「肥料」並み

鶏糞の袋の表示を見ると「たい肥」と書いてある。堆肥は肥料取締法という法律で「わら、もみがら、樹皮、家畜又は家きんのふんその他動植物質の有機物質をたい積又は撹拌し、腐熟させたものをいう」と指定されている。家畜糞尿を含まない植物質だけの原料だけでつくられたものを指す狭義の場合と、「堆肥」と家畜糞主体の「きゅう肥」とを合わせた「堆きゅう肥」と同義に使う場合があった。種々の材料を使って堆肥をつくることが一般化したので、いろいろ含めて「堆肥」とするのが一般的だ。

いっぽう、肥料には「植物の栄養に供すること又は植物の栽培に資するため土壌に化学的変化をもたらすことを目的として土地にほどこされる物

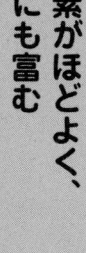

及び植物の栄養に供することを目的として植物にほどこされる物」という定義がある（表1―1）。窒素二・五％以上、リン酸二・五％以上、カリ一％以上が担保できれば普通肥料として登録できる法律もある。

**表1－1　肥料取締法に基づく肥料の分類**

| | | |
|---|---|---|
| 普通肥料 | 窒素質肥料 | 硫酸アンモニア、塩化アンモニア、尿素、石灰窒素など |
| | リン酸質肥料 | 過リン酸石灰、熔成リン肥など |
| | カリ質肥料 | 塩化カリ、硫酸カリなど |
| | 有機質肥料 | 魚カス粉末、骨粉類、ナタネ油カス、加工家きんふん肥料など |
| | 複合肥料 | 化成肥料、配合肥料、家庭園芸肥料など |
| | 石灰質肥料 | 生石灰、消石灰、炭酸カルシウム肥料など |
| | ケイ酸質肥料 | 鉱さいケイ酸質肥料など |
| | 苦土肥料 | 硫酸苦土肥料、腐植酸苦土肥料など |
| | マンガン質肥料 | 硫酸マンガン肥料、鉱さいマンガン肥料 |
| | ホウ素質肥料 | ホウ酸塩肥料など |
| | 微量要素複合肥料 | 熔成微量要素複合肥料など |
| | 汚泥肥料など | 下水汚泥肥料、し尿汚泥肥料など |
| | 農薬その他の物が混入される肥料 | 被覆複合肥料など |
| | 指定配合肥料 | ― |
| 特殊肥料 | イ　魚カス、蒸製骨、肉カスなど | |
| | ロ　米ヌカ、発酵カス、家畜および家きんの糞など | |

| | |
|---|---|
| 肥料の名称 | 発酵鶏ふん |
| 肥料の種類 | たい肥 |
| 届出を受理した都道府県 | ○○県 第△△－××号 |
| 表示者の氏名又は名称及び住所 | |
| | ○○養鶏場 |
| | ○○県△△市××町 |
| 正味重量 | 15kg |
| 生産した年月 | 平成○○年△月 |
| 原料 | 鶏ふん |
| 主要な成分の含有量等（現物あたり） | |
| 窒素全量（％） | 3.0％ |
| リン酸全量（％） | 7.0％ |
| 加里全量（％） | 4.0％ |
| 炭素窒素比 | 9 |

**図1－6　肥料取締法に基づく表示例**

発酵鶏糞には袋の表示に窒素三％、リン酸七％、カリ四％などと書いてある（図1―6）。これは一袋一五kg入りであれば、窒素成分が四五〇g含まれている計算になる。キャベツやブロッコリーなどの露地野菜なら一〇aあたり三〇袋（四五〇kg）で元肥に必要な窒素量（一三kg）がまかなえる。このことからすれば、鶏糞は堆肥というよりもむしろ肥料のような資材である。

**表1－2　肥料の成分1kgあたり単価の比較**

| ▼窒素で換算 | 窒素成分（%） | 肥料現物 15kg あたり | | 窒素 1kg の価格（円） |
|---|---|---|---|---|
| | | 成分（kg） | 価格（円） | |
| 尿素 | 46 | 6.90 | 1,500 | 217 |
| 硫安 | 21 | 3.15 | 900 | 286 |
| **鶏糞** | **3** | **0.45** | **150** | **333** |
| 石灰窒素 | 21 | 3.15 | 2,000 | 635 |
| 高度化成 | 15 | 2.25 | 2,900 | 1,289 |
| 普通化成 | 8 | 1.20 | 1,800 | 1,500 |

| ▼リン酸で換算 | リン酸成分（%） | 肥料現物 15kg あたり | | リン酸 1kg の価格（円） |
|---|---|---|---|---|
| | | 成分（kg） | 価格（円） | |
| **鶏糞** | **5** | **0.75** | **150** | **200** |
| 熔リン | 20 | 3.00 | 1,600 | 533 |
| 重焼リン | 35 | 5.25 | 2,800 | 533 |
| 過リン酸石灰 | 17 | 2.55 | 1,500 | 588 |
| 高度化成 | 15 | 2.25 | 2,900 | 1,289 |
| 普通化成 | 8 | 1.20 | 1,800 | 1,500 |

| ▼カリで換算 | カリ成分（%） | 肥料現物 15kg あたり | | カリ 1kg の価格（円） |
|---|---|---|---|---|
| | | 成分（kg） | 価格（円） | |
| 塩加 | 60 | 9.00 | 1,800 | 200 |
| 硫加 | 50 | 7.50 | 2,200 | 293 |
| **鶏糞** | **3** | **0.45** | **150** | **333** |
| 高度化成 | 15 | 2.25 | 2,900 | 1,289 |
| 普通化成 | 5 | 0.75 | 1,800 | 2,400 |

注　鶏糞 15kg 中に NPK が 3-5-3% 含有、150 円で販売と仮定。

## 「窒素」「カリ」はやや割高、「リン酸」は割安

農家が一般的に購入している鶏糞は、全窒素が三%、リン酸五%、カリ三%と比較的バランスよく肥料成分が含まれている一五kg一五〇円ぐらいのものだ。その価値を化成肥料と比較してみると、窒素とカリはやや割高、リン酸はかなり割安といったところだろう（表1―2）。

さらに、これを化成換算すると鶏糞一五kgあたり成分（kg）÷化成肥料の成分（%）×一〇〇となり、化成肥料一五kgあたりで窒素は尿素一・〇kg（二一七円）、硫安二・一kg（六〇〇円）、リン酸は熔リン三・八kg（二〇二五円）、重焼リン二・一kg（二一一九円）、カリは塩加〇・八kg（一六〇円）、硫加〇・九kg（二六四円）となる。カッコ内の金額は化成肥料一五kgあたりの換算量に成分一kgあたりの価格を乗じたものである。化成換算では鶏糞がもっとも安いことになる。

とくに肥料高騰の影響からリン酸については、鶏糞がお値打ちとなっている。単肥で計算すると、鶏糞が際立って優れているわけではないが、鶏糞には窒素、リン酸、カリのほか、石灰も含まれている

**図1―7　鶏糞はカルシウム肥料である**
成鶏1羽あたり1日8.8gカルシウムを摂取。そのうち4.7gが卵の殻になり、4.1gが糞で排出。

ので、配合する手間を考えてもお得な肥料といえる。

## 「石灰」がたっぷり、卵用鶏糞で一五％くらい

採卵養鶏では卵を売って生計を立てている。その卵が流通過程で割れないようにするため、飼料に石灰を混ぜてニワトリに食べさせて殻を硬くしている。石灰は炭酸石灰やカキガラが多く使用されている（図1―7）。その結果、卵用鶏糞にはカルシウムが一五％と多く含まれている。

卵を産んでいるニワトリは、通常の配合飼料を一日に一一〇g程度食べている。配合飼料の成分は標準的なもので一kgあたり代謝エネルギー二八〇〇kcal、粗タンパク質一六％、その他無機質、ビタミン類が含まれ、カルシウム源となるカキガラは飼料に八％程度混合する。一日あたりで計算すると、摂取エネルギー三〇八kcal、タンパク質一八g、カルシウム八・八gとなる。

ニワトリが排せつする鶏糞は一日あたり一三六g（含水率八〇％）で、この中にカルシウムは四・一g入っている。つまり、ニワトリが食べたカルシ

ウムの半分は卵殻の主成分となり、半分は鶏糞として排せつされているのだ。

鶏糞には一袋（一五kg）あたり二kg程度の酸化カルシウムが含まれている。これは消石灰一袋（二〇kg）の六分の一に相当する量である。

## 肉用鶏、液卵用鶏、種鶏の鶏糞は石灰が少ない

いっぽう、ブロイラー（肉用鶏）経営は卵でなく、ニワトリそのものを生産・販売する。大量の卵を産ませることがないのでカルシウムを大量に摂取させる必要がなく、肉用鶏糞のカルシウムは一〇％程度である。また、卵用鶏でも卵を出荷せず、殻を割って液卵（えきらん）として出荷する農家もある。あえて殻を硬くする必要がないので、飼料に加える石灰は比較的少ない。しかし、割った殻を糞と一緒に堆肥化するので、だいたい一二％程度が多い。

**図１−８　卵用鶏の種鶏場**（(株) 三重ヒヨコ原図）

養鶏業界では、卵や肉を生産する養鶏業者に、ニワトリ（ヒナ）を供給する種鶏業者がいる（図1−8）。もちろん、ヒナだからといって、糞をしないはずはない。そのため、種鶏場にもしっかりとした堆肥化処理施設がある。

ヒナといっても、エサはほぼ成鶏のものに近いため、その鶏糞も窒素・リン酸・カリなどの成分は普通の鶏糞と変わらない。しかし、ヒナは卵を産まないので、卵の殻を硬くする必要がない。エサにカキガラなどが含まれないため、鶏糞の石灰分が非常に少ない。

鶏糞を利用する上で施設栽培などでは土壌中の石灰過剰が問題になることがある。この場合、こ

のヒナ鶏糞も使い方によっては有効な有機質肥料といえる。ただし、なかなか手に入らないので、近くに種鶏場があればぜひのぞいてほしい。

## 「苦土」が不足、他の資材で補えば完全配合肥料

鶏糞の成分を見ると、窒素はやや少ないもののリン酸、カリ、石灰は作物に必要な量が十分含まれている。しかし、マグネシウムがほとんどない。マグネシウムは「苦土」といわれ、葉緑素をつくる元素で作物にとって必須元素だが、最近は土壌に不足気味である（図1−9）。

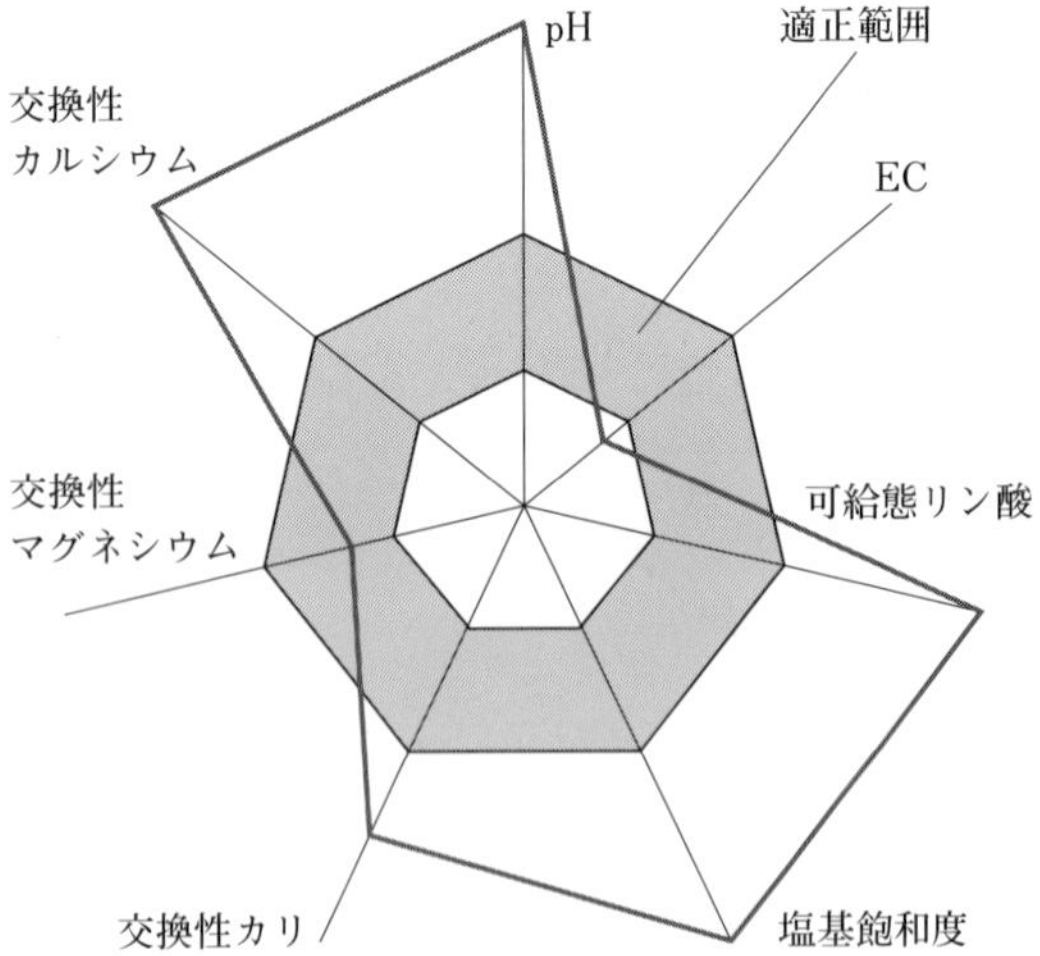

図1−9　最近の農耕地土壌の化学性　（村上）

通常の野菜づくりでは苦土石灰を撒くことになっているが、最近は有機志向もあって、貝殻石灰などを撒いているかもしれない。残念ながら貝殻石灰をはじめ有機物の多くはこのマグネシウム成分が低いことはよく知られている。どの資材を見てもそういう傾向にある。「有機質肥料だからミネラルはけっこう含まれているだろう」という間違った認識がもたらした結果ともいえる。

江戸時代の農書『農稼肥培論』では「塩」という表現でマグネシウムについて触れられている。肥料の効き目を十分に発揮するためには「油」と「塩」を与える以外になく、油は作物が自分でつくるものであり、肥料は「塩」が重要なのだと記してある。

マグネシウムがある程度含まれれば、「鶏糞」は完全配合肥料としてきわめて貴重な「資材」になることは間違いない（図1−10）。マグネシウム

図1－10　作物を育てながら土もつくれる肥料

は海水から採ってくるか、鉱物を化学処理することで得られる。とりあえず、現状では土壌のpHが高い圃場には硫マグを、低い圃場には水マグを単肥で補給するとよい。

## ホウ素、モリブデンなどの「微量要素」も供給

鶏糞中には窒素・リン酸・カリのような肥料成分のほか、通常の化成肥料では補いきれない微量要素も含まれている。飼料原料によって含まれている成分の種類・濃度が異なるものの、作物の生育に不可欠なホウ素、モリブデンなどである。鶏糞に限らず、有機物は有効な土づくり資材であると同時に、養分供給、とくに微量要素供給への期待が大きい資材でもある。

郡司掛則昭博士（元熊本県農業研究センター）によると、微量要素含有量は有機物の種類によって異なり、マンガンは稲ワラ堆肥で、鉄や亜鉛は発酵

豚糞で、ホウ素は乾燥鶏糞で高いという（表1−3）。コマツナを用いて微量要素肥料と比べた評価試験では、有機物に含まれる微量要素はマンガンで供給力が劣るものの、鉄、亜鉛、ホウ素は同等あるいはそれ以上の供給力を示した（表1−4）。

また、鶏糞には微量要素のほか、有機物の分解過程で生じる生理活性物質（植物ホルモン様物質など）も認められており、生長を促進させる効果が期待できるかもしれない。

このように鶏糞には知られていない効果もある。

**表1−3　有機物の化学的性質**（乾物あたり）

| 堆肥の種類 | 水分（%） | 炭素（%） | 窒素（%） | 炭素率 | リン酸（%） | カリ（%） | 石灰（%） | 苦土（%） | マンガン（ppm） | 鉄（ppm） | 亜鉛（ppm） | ホウ素（ppm） |
|---|---|---|---|---|---|---|---|---|---|---|---|---|
| 牛糞堆肥 | **71** | **39.8** | 1.3 | **31** | 1.7 | 2.8 | 1.5 | 0.6 | 150 | 5070 | 165 | 31 |
| 発酵豚糞 | 15 | 31.3 | 2.6 | 12 | 4.3 | 1.4 | 4.0 | 1.3 | 560 | **19670** | **690** | 38 |
| 乾燥鶏糞 | 17 | 35.2 | **3.6** | 10 | **5.0** | 3.4 | **6.6** | **1.5** | 280 | 1340 | 415 | **45** |
| 稲ワラ堆肥 | **71** | 19.2 | 1.8 | 11 | 0.5 | **5.1** | 2.1 | 0.5 | **1660** | 480 | 40 | 32 |

**表1−4　コマツナに対する有機物の養分供給力**

| | 窒素 | リン酸 | カリ | 石灰 | 苦土 | マンガン | 鉄 | 亜鉛 | ホウ素 |
|---|---|---|---|---|---|---|---|---|---|
| | g/ポット | | | | | mg/ポット | | | |
| 化成肥料（対照） | 1.39 | 0.44 | 1.83 | 0.74 | 0.16 | 10.8 | 15.8 | 1.5 | 0.63 |
| 微量要素肥料 | 1.45 | 0.43 | 2.07 | 0.72 | 0.16 | 15.9 | 15.4 | 1.5 | 0.86 |
| 牛糞堆肥 | **1.54** | **0.43** | 2.29 | **0.53** | 0.13 | 10.6 | 12.0 | 1.7 | 0.72 |
| 発酵豚糞 | 1.45 | **0.43** | 1.92 | 0.51 | **0.15** | 10.7 | **24.6** | **2.1** | 0.77 |
| 乾燥鶏糞 | 1.44 | 0.38 | 1.74 | 0.40 | 0.09 | 6.1 | 22.5 | 1.2 | **0.84** |
| 稲ワラ堆肥 | 1.52 | 0.40 | **2.35** | 0.51 | 0.13 | **11.6** | 21.2 | 1.4 | 0.73 |

注　施肥量（g/ポット）；窒素：リン酸：カリ＝4：4：4

## 農書『農稼肥培論』にみる鶏糞の効果

一九世紀半ば（江戸時代）に大蔵永常が肥料・肥培の分野で著した農書『農稼肥培論』の中に鶏糞についての記述がある（大蔵永常・佐藤信淵著『日本農書全集』六九巻　農文協刊）。培養秘録第三巻には玄明窩翁の口授による「動物性の肥料」について、息子の佐藤信淵が筆記した「鶏の飼い方と鶏糞の施用法」がある。

### ⦿地温が上昇し、土地が乾きやすくなる

「翁が言われた。鳥類の糞の性質はきわめて熱く、湿気を乾燥させる効果がある。また油気が大変多く、しかも塩安まで少なからず含んでいる。そのためしみとおる力は強い。水鳥の糞は、この性質がことのほかはげしい。鵜や青さぎなどの糞ときたら、熱くて乾かす力はなみたいていでなく、往々にして草木を枯死させるほどである。しかしながら、きちんとしたやり方で他の肥料と調合して、日陰で気温の低い湿地に施すならば、驚くべき効果を上げるものである。ただ多く得られないのは、なんともしようがない。いずれの鳥の糞も多く得ることはむずかしい。ただそんななかでもよく気を配って営むなら、多く得られるのが鶏糞である。そこで鶏糞を大量に得る方法を教えておこう。おまえがこの方法を世間に広め、鶏糞が十分となり、肥料に不足がないようになれば、たとえ他の鳥類の糞がなくても農業をするうえで心残りに思うことはなくなるだろう」

鶏糞は肥料成分と易分解性物質が多いため、土壌中の微生物活性を著しく高めて地温が上昇し、土地が乾きやすくなること、糞尿が一緒に排出されるため、塩素や油を多く含むことなどが記述されている。とくに糞の肥料効果が高く、過剰施用すれば作物が枯死することもあると指摘されている。

### ⦿あらゆる作物に有効、魚肥より優れる

「鶏糞のおもな効能。性質はきわめて熱く、陰気で低温のものを温め、湿気を乾かし、虫を殺すのにも不思議な効果がある。だから水田であれ畑であれ、これを施せばどんな作物でも豊かに実る。ことにかたすぎる土地を軟膨にし、根を肥え太らせ茎を生長させる。冷水がかりの田に施すと、稲は意外なほど豊かに実る。土中の焔硝を集めることもさかんで、こうぞ・みつまた・からむし・麻などを急速に生長させ、みかん・九年母・ぶどうなどに施すと、その実を大きくし上品な味にさせる。木綿であれば、桃のような形をした実をたくさんならせ、早く綿を吹かせてくれる。しかもこの鶏糞は、揮発し消失する塩気を多く含有しているので、その精気はひたすら葉へと集まっていき、あいやたばこの葉を上質にする効果たるや、他の肥料のとうてい及ぶところではない。葉を必要として栽培する作物には、鶏糞は最上無類の肥料である。干鰯を一〇貫目用いるよりも、鶏糞八貫目を用いるほうが、その効

果はるかにまさっているという。
そもそも鶏というものは、天照大神が天の岩屋戸にお隠れになられたときから、世界中に功徳を施す鳥であって、記紀など古典を読めばすぐにわかることだ。鶏糞までも人の世に役立つことは、これまで述べてきたとおりだ。もし木を植えて、早く花を開かせ結実させたいと思うなら、土性を転換させる方法のうち四番目の軟膨法を行なったうえで、その木を植え、鶏糞を施すとよい。そうすればあっという間に生長して花開き実を結ぶ」

鶏糞は肥料バランスがよいため、あらゆる作物に有効であり、魚肥よりもはるかに優れていると記載されている。根や茎を太らせ、開花・結実を早めるのはリン酸の効果であり、「土中の焔硝を集め」は鶏糞から硝酸が生じやすいことを示している。このように、この記述には、鶏糞の高い肥料効果が正確に記述されている。

最後の「天照大神が天の岩屋戸にお隠れになられたときから、世界中に功徳を施す鳥である」という表現を、謙虚に受け取り、より積極的に鶏糞を農業利用してゆこうではないか。

## 見た目（仕様）による長所と短所

### 袋（広域）からバラ（地元）、自給（庭先）まで

販売されている鶏糞には、大きく分けて乾燥鶏糞と発酵鶏糞がある。乾燥鶏糞は太陽エネルギーや化石エネルギーを使って鶏糞を乾燥させたもの、発酵鶏糞は鶏糞を乾燥させながら微生物を働かせて堆肥化したものだ。乾燥鶏糞は比較的早く効く肥料として利用され、発酵鶏糞は、堆肥化することにより作物へのガス障害が少なくなり、乾燥鶏糞よりおだやかに効く。近年は発酵鶏糞が多くなっており、流通の半分を占める（図1―11）。

かつては庭先養鶏で出た鶏糞の菜園（自給）利用から、時代とともに営利養鶏で出た鶏糞の地元（バラ）利用となり、現在は大きな経営で出た鶏糞が広域（袋）流通している。庭先養鶏で出た鶏糞は自給自足を思わせる最高のタダ肥料として食卓を飾る野菜栽培に利用されていた。また地域の菜園にも顔が見えることが安心につながり、小さい循環型農業が営まれていた。

養鶏の規模拡大とともに、自給利用では過剰ともいえる鶏糞が発生し、地域を越える利用が求められた。地元のバラ売りは、やはり顔が見えることから、鶏糞堆肥としての特性を使う側からも、つくる側からも意見が出され、自然に良質な堆肥へと成長を遂げることができた。この時代はまだまだ余裕があったため、糞尿処理という業務が成立していた。

しかし、現代ではメインはやはりニワトリになり、糞尿処理にまで手が回らない。販売も人任せ。全国の農協やホームセンターなどを眺めてみると店頭にはさまざまな種類の鶏糞堆肥が販売されている。

**図1－11　袋で流通する鶏糞とナマ鶏糞**

## 入手しやすい「発酵鶏糞」
## ——未熟害より過剰害

袋詰めで流通しているケージ飼い鶏糞（図1―12）はどのような堆肥化であっても、この分解しやすい有機物がほぼ分解されているため、還元や有機酸による害は生じない。じつは流通の大半を占めるケージ飼い鶏糞の場合、「未熟害」は生じない（図1―13）。

未熟害とは、堆肥化によって熟しているはずのものが熟していなかったことによって起こる害である。一般的にはC／N比の高いオガクズなどのリグニンや稲ワラなどのセルロースが未分解で残り、それらが土壌に施されたとき、未分解のものを分解しようと微生物が窒素を取り込むため、一時的に作物が窒素を吸えなくなる現象である。また、堆肥の副原料として用いられるワラや麦ワラにはフェノール性酸（バニリン酸、P―オキシ安息香酸、フェルラ酸、P―クマル酸など）が含まれ、オガクズや樹皮（バーク）のような木質物にはフェノール性酸のほか、タンニンや精油などが含まれている。これらは生育阻害物質である。

図1―12　市販の発酵鶏糞

ケージ飼いではこれらの副原料が鶏糞に混じらない（飼養時に使用していない）ので、堆肥化後のC／N比が低く（炭水化物が少なく、窒素が多い）、生育阻害物質も含まない。しかも、鶏糞の窒素はタンパク質やアミノ酸よりも分子が小さく微生物が分解しやすい尿酸である。田畑に必要以上の量を撒いて「過剰害」を起こすことはあっても、「未熟害」はまず起こらない。

鶏糞は微生物によって分解されやすい尿酸を堆肥化後も多く残しているため、田畑に施した後の窒素の効きが牛糞や豚糞よりも早い。土壌中では尿酸が微生物によってアンモニアになり、アンモニアが硝酸化成菌によって硝酸になり、作物の根

**図1－13　未熟害？　じつは濃度障害（過剰害）かも……**

から吸われるのである。

## 安い「ナマ鶏糞」「乾燥鶏糞」
### ――還元害に注意

ニオイの問題を考えなければ、発酵させていない「ナマ鶏糞」はお金もかからず、量がまとまる。利用例としては、低床式や高床式ケージ飼いから発生する糞だ。近辺の耕種農家の作付け時期に合わせ、鶏舎から年一～二回取り出される。そのままダンプ式マニュアスプレッダーで田畑まで運び、タダ同然で撒いてくれる。

しかし、このようなナマの鶏糞は排せつされたばかりの糞も混ざっていて、未分解の有機物が多く残っていることがある。未分解の有機物は土壌施用後、すぐに「微生物」により分解が始まる。堆肥化と同じことが土の中で始まる。鶏糞を分解する微生物は酸素を必要とするので、急激な分解が始まると酸素を大量に消費するため、土壌

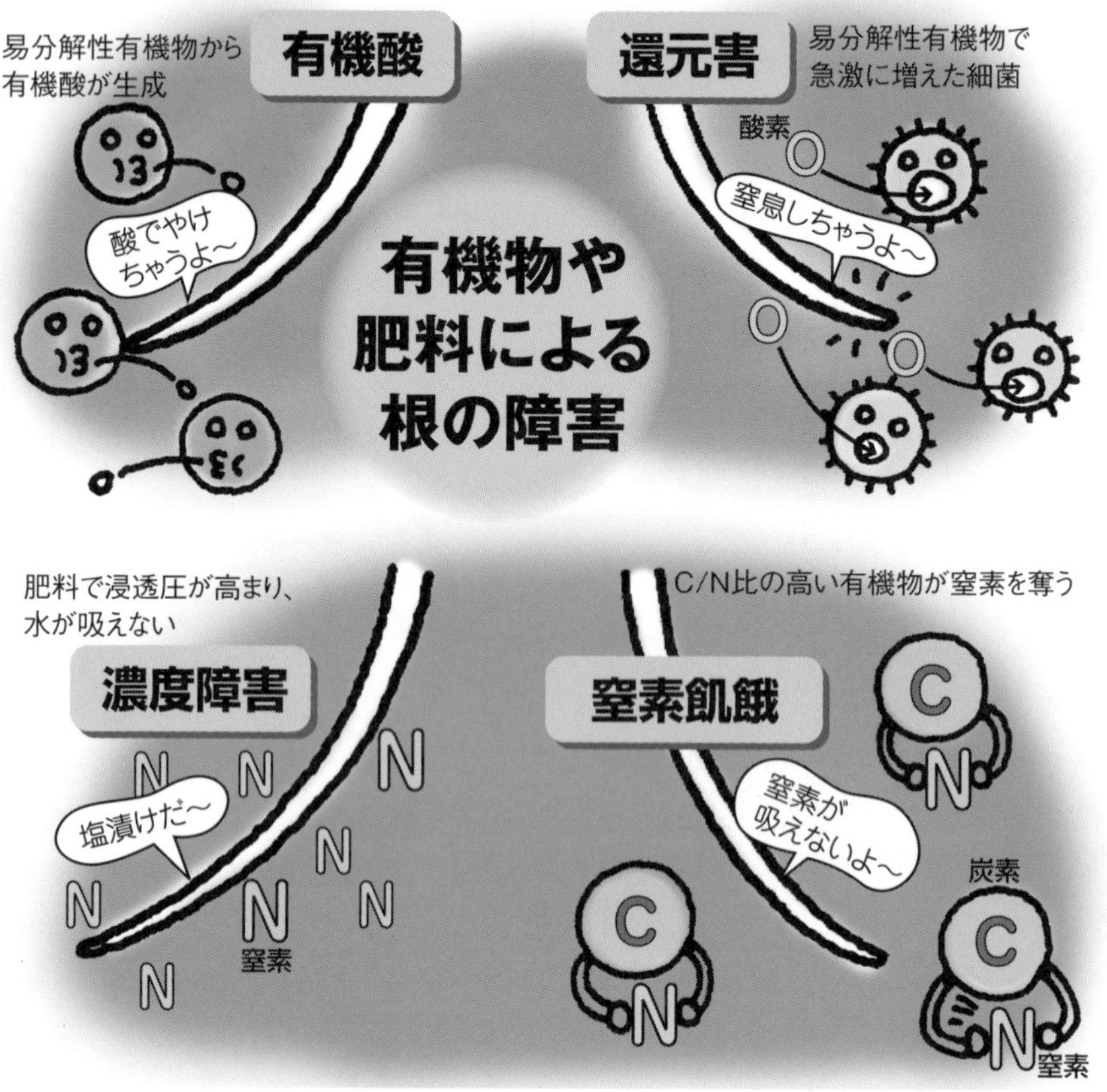


図1－14　未熟害や濃度障害のしくみ

が一時的な還元状態（酸素のない状態）となり、根が呼吸できなくなる。また、豚糞独特の低級脂肪酸は多く含まれないものの、一部有機酸も生成されて作物の根を傷める（図1－14）。

そのため、「ナマ鶏糞」は施用後、作付けまで時間を置くか、根から離して施用する必要がある。土ごと発酵（土の中で堆肥化する方法）などの場合は、深くすき込まないことで「ナマ鶏糞」の特徴がうまく活かせる。露地の場合は臭気対策として素早く混ぜ込み、窒素などの流亡を防ぐため、作付けまで期間を置かないなどの工夫が必要である。

いっぽう、「乾燥鶏糞」は性状がサラサラしていて扱いやすい。「ナマ鶏糞」に比べれば見た目はさすがに堆肥っぽく、ニオイを気にしなければ消石灰のようなものである。しかし、乾燥鶏糞も単にナマ鶏糞を乾燥したに過ぎないので、「ナマ鶏糞」を土壌に施用したときと同じような還元害などが発生する。「乾燥鶏糞」は、短期間に水分を飛ばし、乾燥しただけの製品が多いため、水分を除いた「ナマ鶏糞」と同様と考えてよい。

ホームセンターなどで販売されている鶏糞堆肥には「発酵鶏糞」「乾燥鶏糞」「完熟鶏糞」など、多くの商品名がある。発酵鶏糞は、いかにも発酵が進んで、肥料分が効くようなイメージである。いっぽうの乾燥鶏糞は未熟で、ともすれば作物に害が出てしまうようなイメージである。完熟鶏糞は、さすがにあまり用いられない商品名であるが、なんとなく作物や土によさそうなイメージである。

しかし実際、袋に書いてある発酵・乾燥・完熟などの商品名は、袋の中に入っている鶏糞の質・状態を正しく表現しているわけではない。流通している乾燥鶏糞には十分に発酵させているものもある。鶏糞という定義の中で、「乾燥」「発酵」という明確な区分なく販売されている。

**図1−15　押し出し成型機によるペレット（上）と固めてたたき割るタブレット（下）**

## 扱いやすい「ペレット鶏糞」
### ——製法に二種類

ハウスで乾燥した後、篩《ふるい》を通した鶏糞や密閉縦型発酵式で処理された鶏糞は、サラサラした形状に加え、堆肥の含水率が二〇%前後になる。このくらいの水分はペレット化には最適だ。鶏糞の場合は押し出し成型機がよく使われ、その形状は小さな円筒形となる。ちょうどおかしのベビーチョコのような形状になるが、この形状になれば、糞というイメージはなくなる（図1—15）。利用側にとっては撒くときのイメージも非常に重要である。かなり硬いものから、軟らかいものまでいろ

**表１－５　鶏糞の加工特性**

| | 粉状 | 不定形ペレット | 定形ペレット |
|---|---|---|---|
| 名称 | 粉状品 | タブレット | ペレット |
| 形状 | 粉状 | 四角形<br>（イビツ） | 円筒形<br>（4mm × 8mm） |
| 散布特性 | 不良 | 良 | 優良 |
| 粉塵発生量 | 多 | 普 | 少 |
| 強度 | なし | 中 | 強 |
| 元肥利用 | ○ | ○ | ○ |
| 追肥利用 | × | ○ | ○ |
| 土壌施用後14日の硝化率 | 40% | 35% | 10% |
| 製造コスト | 0円/kg | 10～20円/kg | 20～30円/kg |
| 耕種農家の人気度 | 中 | 低 | 高 |

いろあるが、つくる機械は同じでもその後の乾燥程度で硬さが変わる。硬さが変われば、その中に含まれる窒素の出方も変わると考えてよい（表1―5）。

ペレットを土壌に施用した場合、ペレットの表面積は、粉状物に比べ小さいので、窒素（尿酸）を食べる微生物との遭遇割合も低くなる。つまり、窒素の溶出などがゆっくりになる（図1―16）。

ただし、緩効性の化成肥料のように温度でその肥効を調整しているものではないので、いわゆる積算温度などはまったく関係ない。したがって、鶏糞では一四〇日タイプなどはない。さらに、水稲など水が張ってある状態に施すとその効果はペレットでも粉状品と同じだ。ペレットにしたからといってなんでもかんでも、その肥効がゆっくりになるわけではない。

ペレットは撒きやすさや窒素の溶出スピード以外にも、メリットがある。鶏糞堆肥の製品としての乾燥状態を維持することで、袋詰めしても、その成分（品質：とくに窒素成分）を長期間を保つ技術としても有効である。これは、水分を低下させると窒素（尿酸）を分解する「微生物」の働き

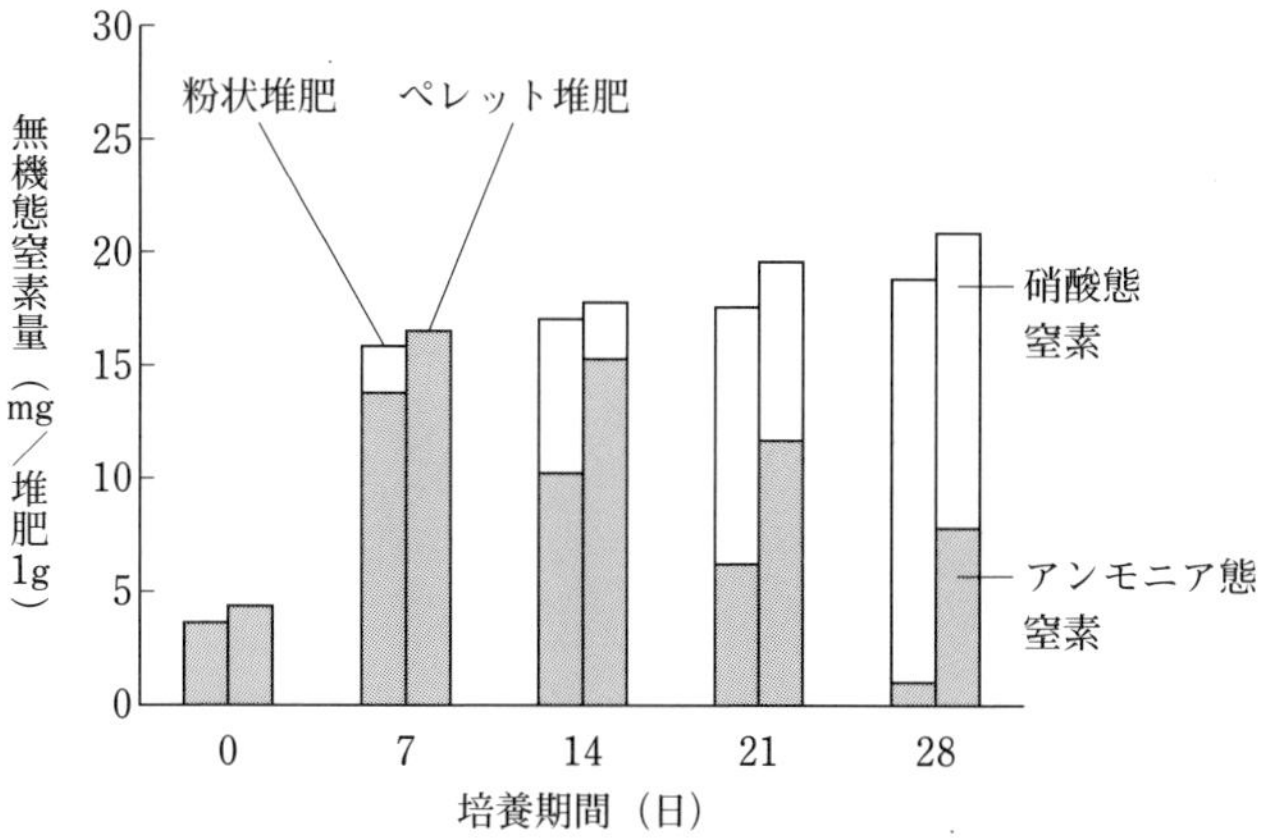


**図1−16　堆肥形状が鶏糞堆肥の無機化特性に及ぼす影響**

（竹内原図）

灰色低地土に堆肥を1.5t/10a相当量混和し、土壌水分を最大容水量の40％に調整して15℃で培養した。

が停止するためである。ただし、このような特徴をもつペレット鶏糞は圧力の強い「押し出し成型機」のみの話で、固めてたたき割る構造のタブレットでは、撒くためだけの工夫であり、その性質は粉と同じになってしまう。

## 値上がりしなかった石灰窒素、養鶏でも利用

鶏糞と同じく値上がり幅の小さかった肥料が石灰窒素である。

石灰窒素は原料が石灰石、炭素材、空気、電力。石灰石は国産原料であり、主成分は炭酸カルシウムだ。石灰石を焼成した生石灰（酸化カルシウム）とコークスや無煙炭を混合し、電気炉で加熱熔融させてカルシウムカーバイドをつくる。これに空気から分離した窒素を約二〇〇〇℃で反応させると石灰窒素が出来上がる。つまり、輸入の原料がなく、値上げ幅は電力分程度であった。この石灰窒素は養鶏場（卵用鶏）でもよく使われている。

規模が大きいところではケージの位置を高くした高床式が多い。高床式では除糞後の床面に一〇〇〇$m^2$あたり石灰窒素六〇～八〇kgを散布する。その後は夏で五～六日、春秋で七～八日おきに新しい糞の上に散布し、およそ三〇～四〇cmの厚さに堆積したところで除糞する。

規模の小さいところではケージの位置が低い低床式や、ケージを使わない平飼い式が多い。この様式では除糞後、石灰窒素をニワトリ一〇〇羽あたり約一kg散布する。高床式と同じ日数間隔で一〇〇羽あたり〇・五～一kgの散布を二～三回繰り返してから除糞する。

石灰窒素の主成分のカルシウムシアナミドは殺菌効果があり、適量を施用すればニワトリに悪い影響はなく、むしろ舎内外の環境がよくなり、産卵率が高まったという事例もある。しかし、過剰施用は禁物である。

# 第2章

# ニワトリから鶏糞までの基礎知識

図2−1　卵用鶏（左）と肉用鶏（平飼い地鶏）

## まずは「ニワトリ」の話から

### 糞は一日あたり卵用鶏一三六g、肉用鶏一三〇g

卵用鶏は、平均初産（卵を産み始める）日齢が一五〇〜一六〇日齢（ニワトリの年齢の数え方）で、その後一三カ月くらいを採卵期間とする方式が一般的である（図2−1、図2−2）。途中三〇日程度休産させ、この期間を含め採卵期間を二一カ月とする飼育法もある。糞の排せつ量は鶏舎構造によって異なるが、ニワトリ一羽あたり一日平均一三六gである（表2−1）。糞は比較的空隙の少ないヘドロ状で、未消化のエサが糞の大部分を占め、一部にはニワトリの羽も含まれる。

採肉を目的とするニワトリには二つのタイプがある。肥育速度が早く、飼料効率にも優れる「ブロイラー」は、五一日齢でと畜・解体されて肉になる。いわゆる鶏肉として食する一般的なものである。いっぽう、在来種、シャモの交雑などによ

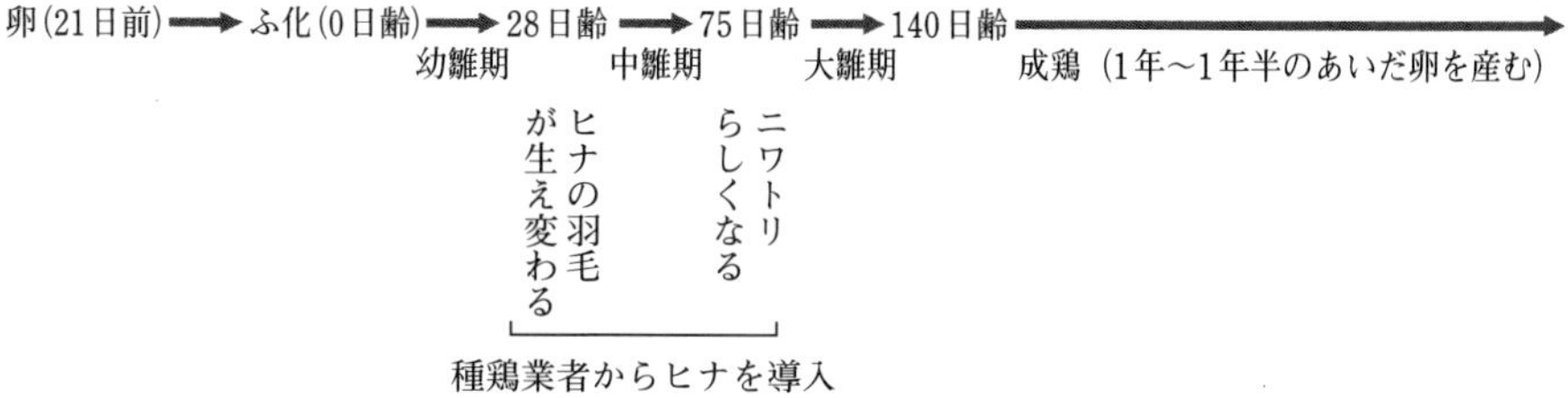


**図2−2　卵用鶏の飼育過程**
成鶏は1日あたり110g程度の飼料を食べ、365日のうちに300個くらいの卵を産む。卵1個の重さは60〜65g程度（産み始めは40〜50g）。

る「地鶏《じどり》」は肉質を第一に、適度な歯ごたえとうまみを重視して九〇日齢以上で食す。わかりやすいところでは、「名古屋コーチン」や「〇〇地鶏」といわれる最高級の鶏肉のことを指す。

肉用鶏の糞排せつ量は一日一三〇gぐらいだ。卵用鶏と同じく、排せつ直後の糞はヘドロ状であるが、飼育期間中に敷料などと混ざって希釈され、取り扱いやすい性状になる。

**表2−1　排せつ物量の原単位**
（築城・原田一部改変、1997）

| 畜種 | | 排せつ物量 (g/羽/日) 糞 | 尿 | 合計 |
|---|---|---|---|---|
| 卵用鶏 | ヒナ | 59 | — | 59 |
| | 成鶏 | 136 | — | 136 |
| ブロイラー | | 130 | — | 130 |

## 牛や豚よりも腸が短く、エサの栄養吸収率も低い

そもそもニワトリが人に飼われるようになったのは、約五〇〇〇年前といわれている。祖先は東南アジアに今も棲息するセキショクヤケイである。用途別に改良が重ねられ、現在は約一二〇品種を数える。

ニワトリは牛や豚に比べ体も小さく、腸管も短い。歯がないから食べた物をかむこともできない。歯の代わりに砂のうとよばれる器官で小さく砕いて、小腸、大腸へと送られる。その搬送スピードがかなり速いため、じっくり吸収している暇がまったくない（図2−3、図2−4）。そのため、栄養吸収の面から考えれば、かなり非効率である。

草食の牛には四つの胃がある。一〜三胃には微生物がすんでいて消化を助けている。また反芻《はんすう》（食べ物を口でかんで、胃で一部を消化し、また口でかむという過程）も行なわれている。四胃では酸によるタンパク質の分解も行なわれ、腸管も長くかなり吸収効率がよい構造になっている。

豚は人に似ている。豚も人間と同じくエサをか

み砕く歯もあれば、消化液を出す器官、消化された物を吸収する器官がそろっている。腸管は牛より短いが、牛同様に吸収効率がよい。

栄養の吸収率が低いほど、エサの成分が糞に残ることになる。見方を変えれば、ニワトリ自身が有機質肥料製造工場なのかもしれない（表2－2）。

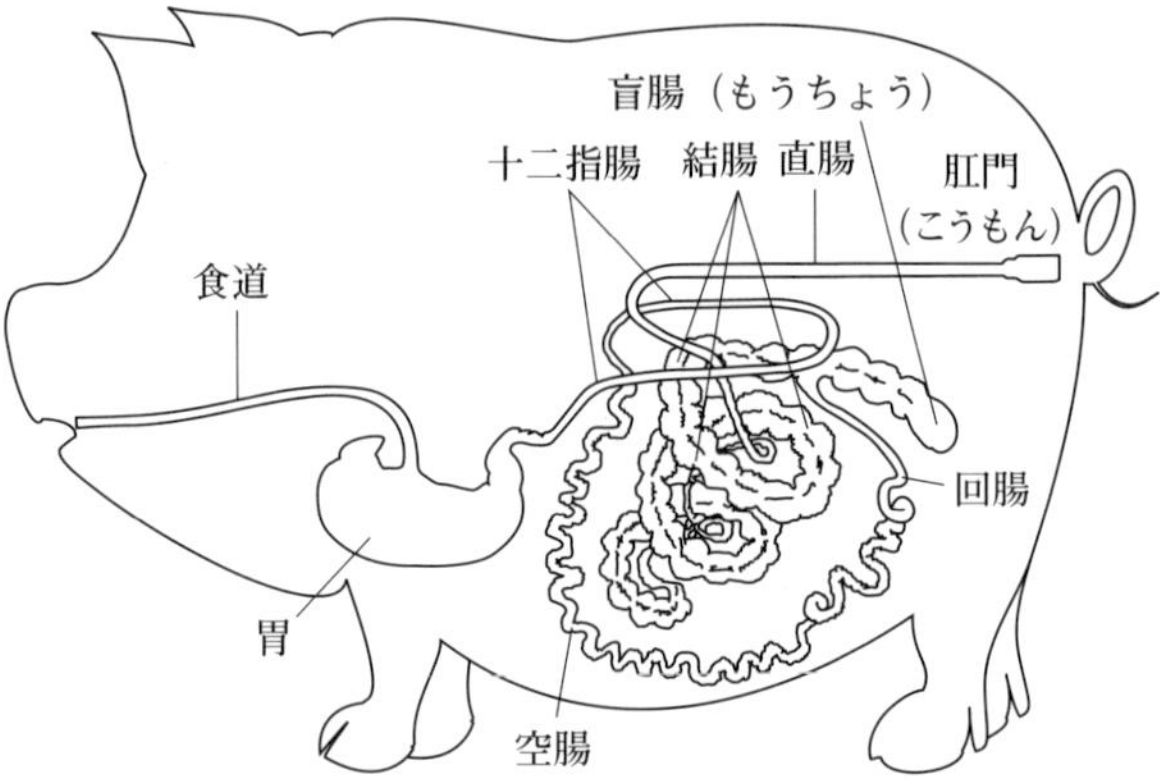


図2－3　豚の消化器

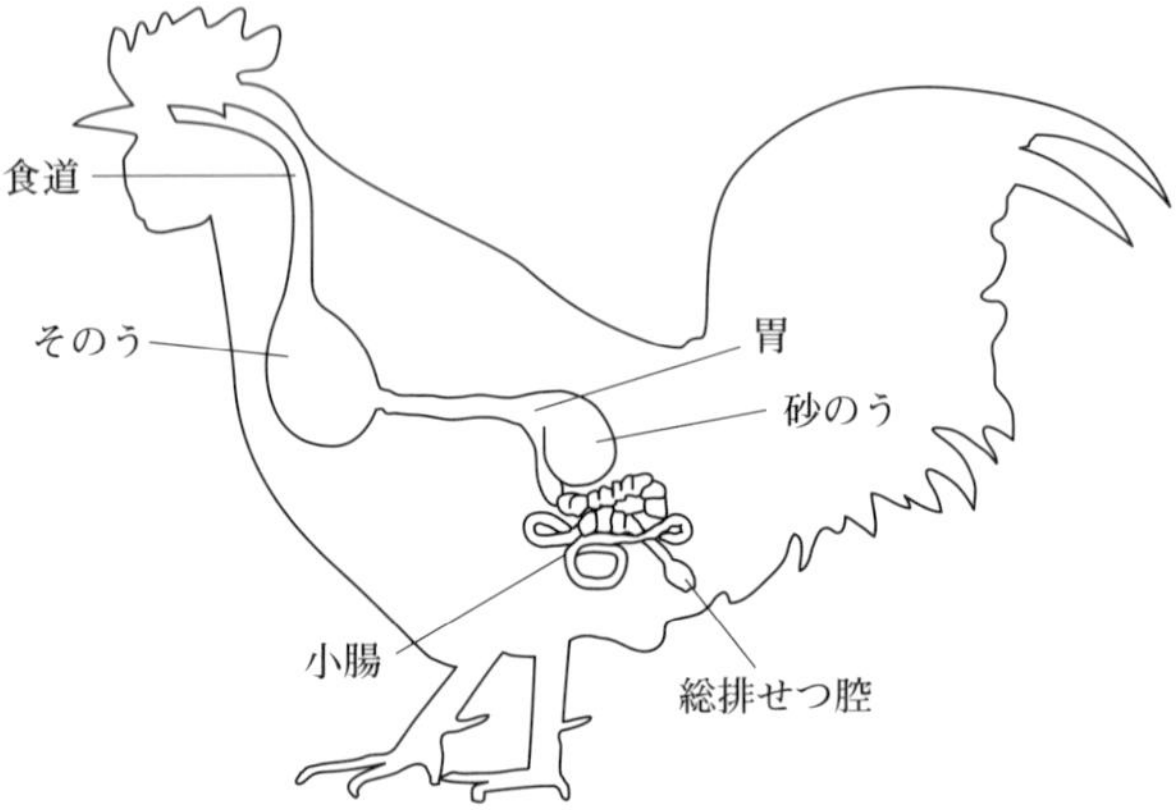


図2－4　ニワトリの消化器

表2－2　ニワトリのエサと糞の成分（％）

| | エサ | 糞 |
|---|---|---|
| 窒素 | 3.4 | 5.4 |
| リン酸 | 1.0 | 3.6 |
| カリ | 1.0 | 2.7 |
| 石灰 | 5.0 | 14.6 |
| 日量 | 100g | 31g |

注　食べた物が濃く（3倍に）なって出てくる。

## エサは多種多様な有機物、ほとんどそのまま糞に

鶏糞の性質に大きな影響を及ぼすエサにはさまざまな種類がある。一例を見てみよう（図2－5、

### ▼原材料（配合割合）

| | | |
|---|---|---|
| 穀類 | （50%） | トウモロコシ、マイロ、玄米 |
| 植物性油カス類 | （32%） | 大豆油カス、コーングルテンミール、ナタネ油カス、コーンジャムミール |
| そうこう類 | （ 3%） | コーングルテンフィード、米ヌカ油カス、フスマ |
| その他 | （15%） | 炭酸カルシウム、動物性油脂、食塩、パプリカ抽出処理物、リン酸カルシウム、飼料用酵母、無水ケイ酸、ベントナイト |

鶏糞を施すということは、これだけの有機物やミネラルを施すようなもの。肥料でありながら、土もよくする万能資材よ

### ▼含有する飼料添加物

ビタミンA、ビタミン$D_3$、ビタミンE、ビタミン$B_1$、ビタミン$B_2$、ビタミン$B_6$、ビタミン$B_{12}$、ビタミン$K_3$、パントテン酸、ニコチン酸、ビオチン、葉酸、コリン、メチオニン、リジン、硫酸鉄、硫酸銅、硫酸亜鉛、硫酸マンガン、硫酸コバルト、ヨウ素酸カルシウム、エトキシキン、フィターゼ

**【マイロ】** トウモロコシとともに２大飼料穀物といわれている。おもな生産国はアメリカ、アルゼンチン、オーストラリアで日本が輸入する量は年間約460万ｔ。別名、グレイン・ソルガムとよばれ、草丈が低く丸い実のもの。タンパク質が７～12%とエネルギー価が高い。苦みのあるタンニンが含まれているのが特徴である。

**【グルテンミール】** トウモロコシを粉砕し、外皮繊維質を乾燥させたもの。タンパク質が65%以上と高く、カロチンやキサントフィルを多く含み、ビタミンAの補給と同時に卵黄やブロイラーの着色効果に使用される。

**【グルテンフィード】** トウモロコシから澱粉（コーンスターチ）を精製する際に発生する副産物で、おもに外皮部分からなる。この外皮部分にコーンスティプリカー（浸漬液）を添加し、タンパク質を強化したもの。国内発生品と一部輸入がある。カロチンを多く含んでいる。

**図2－5　卵用鶏用配合飼料の中身例**

**図2－6　卵用鶏の飼料**（中部飼料）

図2–6)。

卵用鶏(成鶏)に与える配合飼料の原料と割合は、穀類五〇%(トウモロコシ、マイロ)、植物性油カス類三二%(大豆油カス、コーングルテンミール、コーンジャムミール、ナタネ油カス)、そうこう類三%(コーングルテンフィード、米ヌカ油カス)、そのほか一五%(炭酸カルシウム、動物性油脂、食塩、リン酸カルシウム、ベントナイト)である。

ブロイラーでは通常、配合割合が前期(餌付けから二一日齢)と後期(二一日齢以降)で異なり、いずれも卵用鶏用飼料に比べ、タンパク質、エネルギーがともに約一〇%高いものを給与することが多い。原料を粉砕した状態のものと、粒状に固めたペレットなどがあり、ブロイラーには食い込みのいいペレットが多く使われている。雄雌ともに体重が二・八kgぐらいになるまで飼育し、この間飼料摂取量は体重の二倍くらいになる。

このエサを見てみると、多くの耕種農家が使っている有機配合肥料の原料そのものだ。ニワトリは有機配合肥料を食べて、消化吸収した後、糞として出している。この過程でエサは分解されるため作物に吸収されやすい形に変化している。つまり、有機配合肥料製造機といってもおかしくない。

## 最近は飼料中のリンが減少、糞のリン含量も減少

有機配合のエサばかりでは、ニワトリがよい卵を産まず、よい肉にならない。エサにはビタミンA、ビタミン$D_3$、ビタミンE、ビタミン$B_{12}$、メチオニン、硫酸鉄、硫酸亜鉛、硫酸銅、ヨウ素酸カルシウムなどの添加物が含まれる。そして、最近は「フィターゼ」も添加されている(図2–7)。

飼料の主体であるトウモロコシや大豆カスなどの植物性飼料原料に含まれるリンは有機のリン化合物(フィチン)の形で存在している。ニワトリや豚などの動物は、有機のリンを加水分解して無機のリンに遊離する酵素(フィターゼ)の活性が弱い。そのため、配合飼料にはリン酸カルシウムなどの無機リンが添加されており、有機のリンはほとんどが排せつされる。リンの利用性(消化率)はニワトリで一〇%程度、豚で二〇~三〇%とされている。

そこで、飼料にフィターゼを添加することによ

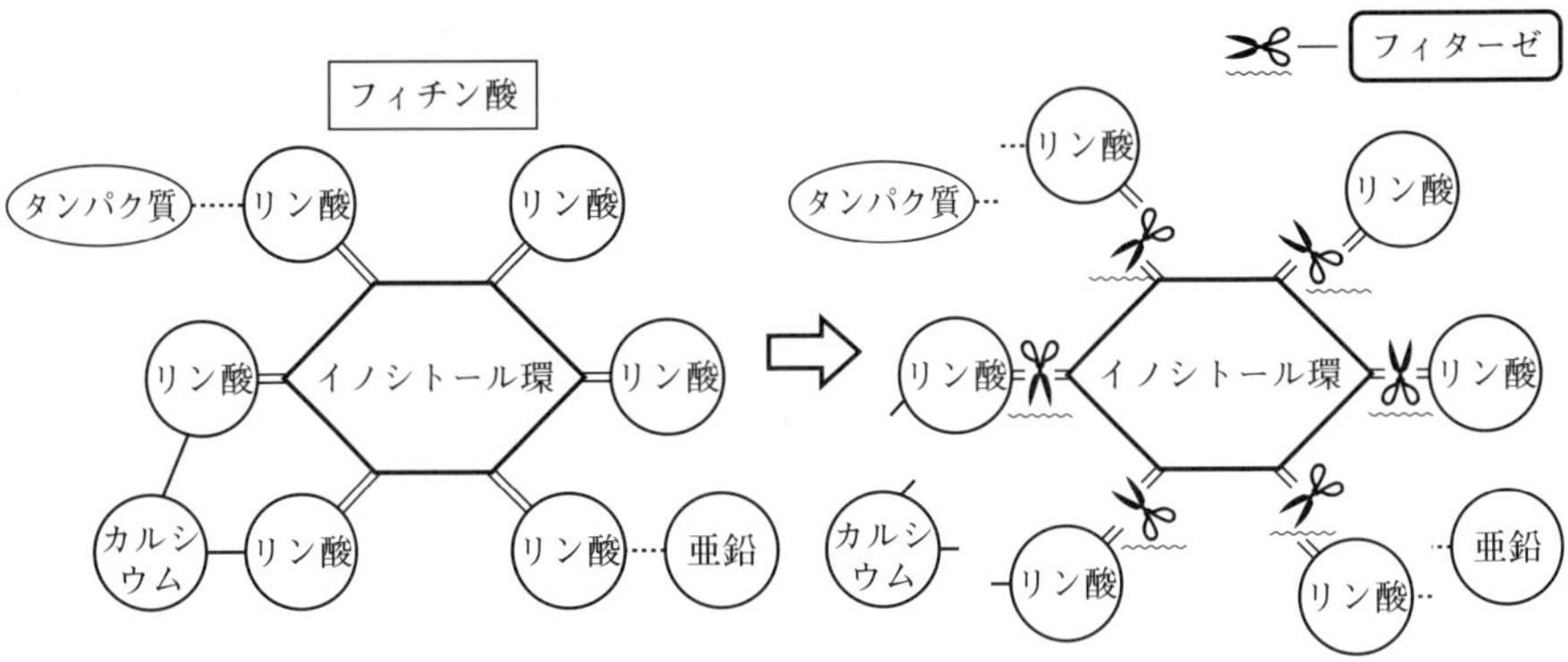


**図2−7　フィターゼのなりたちと働き**

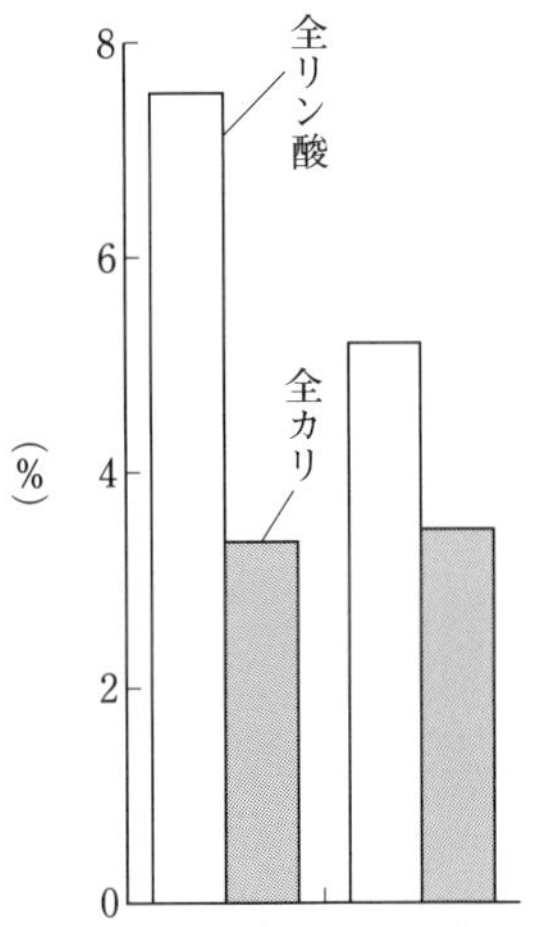


**図2−8　鶏糞のリン酸とカリ成分の推移**

り、リン酸カルシウムをたくさん入れなくても、従来の家きんの生産性が維持できるようになった。その結果、リンの排せつ量も大幅に低減する。三重県内で実際に調査した二〇〇一年と二〇〇六年の鶏糞のリン酸含有量を見てみると、三〇%も減少している（図2−8）。ちょうど二〇〇五年にエサがフィターゼ入りに切り替わったからである。

## 「尿酸」態窒素だからクサイ

### ドロリ白いオシッコ　「尿酸」混じりの糞を排せつ

ニワトリは、総排せつ腔であるため、糞と尿の混合物として排せつする。糞と一緒に出てくる白い部分が尿である。糞と尿を同時にするなんて器用なものだが、この白い尿が「尿酸」である。人などのほ乳動物の排せつする窒素化合物が尿素であるのに対し、ニワトリはタンパク質代謝の最終産物である尿酸が全排せつ窒素化合物の

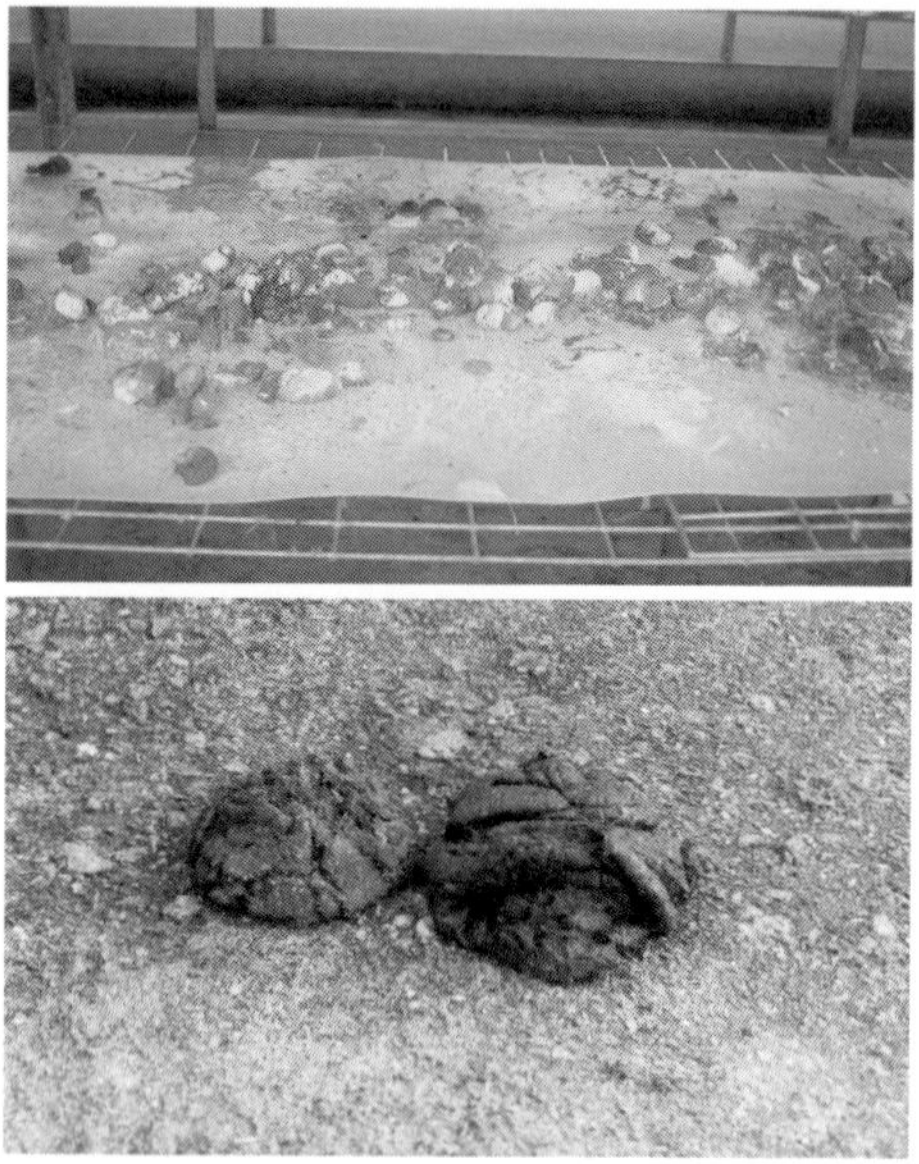

図2−9　白い尿酸の混じる鶏糞（上）と尿の混じらない牛糞（下）

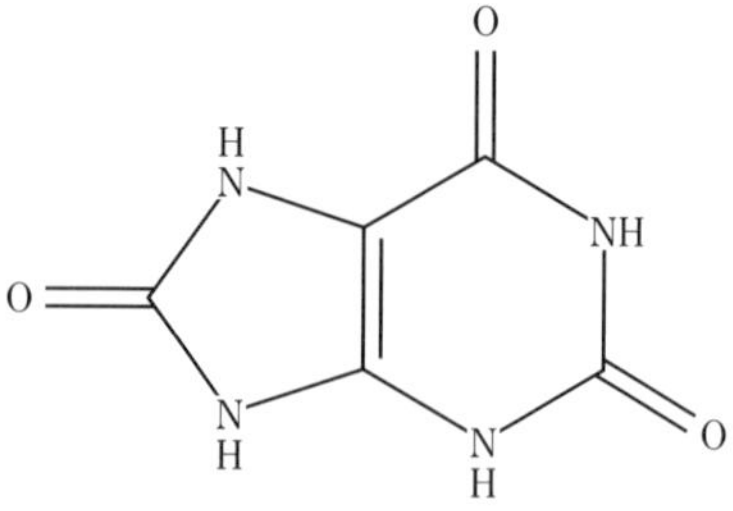

図2−10　尿酸（$C_5H_4N_4O_3$）の構造

六〇%以上を占める。ちなみに魚類の場合はアンモニアである。

これは尿酸が尿素に比べて濃縮しやすく、体内に保持するときにあまり水分を必要としないためだと考えられている。鳥類は空を飛ぶために体重を軽くする必要があるのか、尿をためておく膀胱がない。また、硬い殻を持つ卵から生まれるので、発生にともなう窒素化合物を体外へ出すことができないためとも考えられている。尿酸は水に溶けにくいので、糞にそのまま覆い被さったように白く出てくる（図2−9）。

尿酸は、正しくは二、六、八−トリオキシプリンとよばれ、一七七六年にスウェーデンの化学者シェーレが尿石中に発見したものだ（図2−10）。鶏糞に水酸化ナトリウム溶液を加えると結晶性の粉末として尿酸が沈殿する。無味無臭の白色結晶。加熱してもなかなか溶けず、四〇〇℃でようやく分解する性質がある。

牛や豚では、体外に排出される窒素量から尿に含まれる量を差し引いたぶんが、糞に含まれる窒素分と考えていい。しかし、ニワトリでは、尿が低水分で混じるので、体外に排出されるのと同じ窒素分が糞に含まれることになる。そのぶん、ニワトリの糞は窒素に富むため、肥料効果が高い。

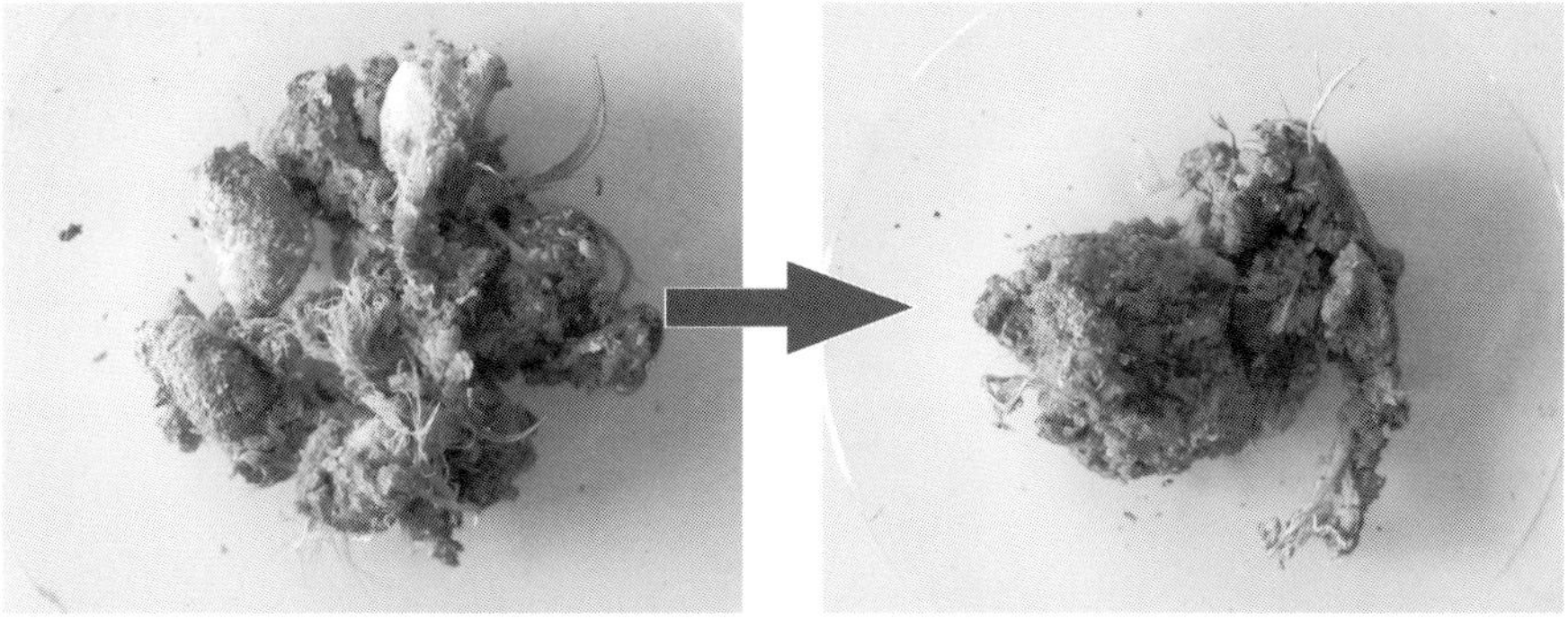

図2－11　鶏糞の白い部分が尿酸。微生物に分解されてアンモニアになる

## 「常在菌」が出す酵素ウリカーゼによって分解

鶏糞の尿酸は、そこいらにいる細菌に取り付かれると、アンモニアに分解される（図2－11）。これは「ウリカーゼ」という尿酸分解（酸化）酵素の働きによる（図2－12）。ウリカーゼは銅を含む酵素で、その一単位は尿酸一μgを一分間（三七℃）で分解する作用がある。この尿酸→ウリカーゼ（微生物）→アンモニアのしくみは、これから鶏糞の使い方に触れていく基礎知識としてかなり重要である。そこで、少し詳しく説明しておくことにしよう。

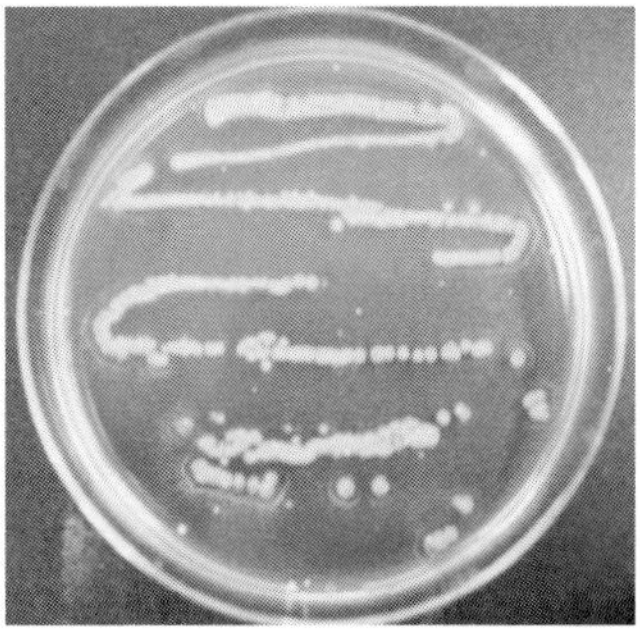

図2－12　尿酸を分解する微生物

まず、ウリカーゼはどんな微生物がもっているのか？　たとえば酵母などがもっている。大量につくる微生物としてはミクロコッカス・ロゼウスが知られている。シュードモナス属菌もそうだ。人やチンパンジーなどの霊長類以外のほ乳動物や微生物はウリカーゼをもっている。

ウリカーゼは、尿酸を水に溶けるアラントイン、過酸化水素、炭酸ガスに分解する。化学式では、尿酸＋$O_2$＋$2H_2O$→アラントイン＋$CO_2$＋$H_2O_2$の反応となる。この反応は酸化的な分解、つまり酸素を必要とする反応である。また、ウリカーゼは好熱性微生物由来であることが多く、五〇℃を超えると失活（働きがなくなる）が起こる。

## 敷料がなく、尿を分離せず、「C／N比」が低い

鶏糞が窒素に富むのは別の理由もある。たとえば、酪農で和牛の飼育や養豚では家畜に濡れや打

図2−13　牛舎の敷料。コンクリート床の上に敷かれる

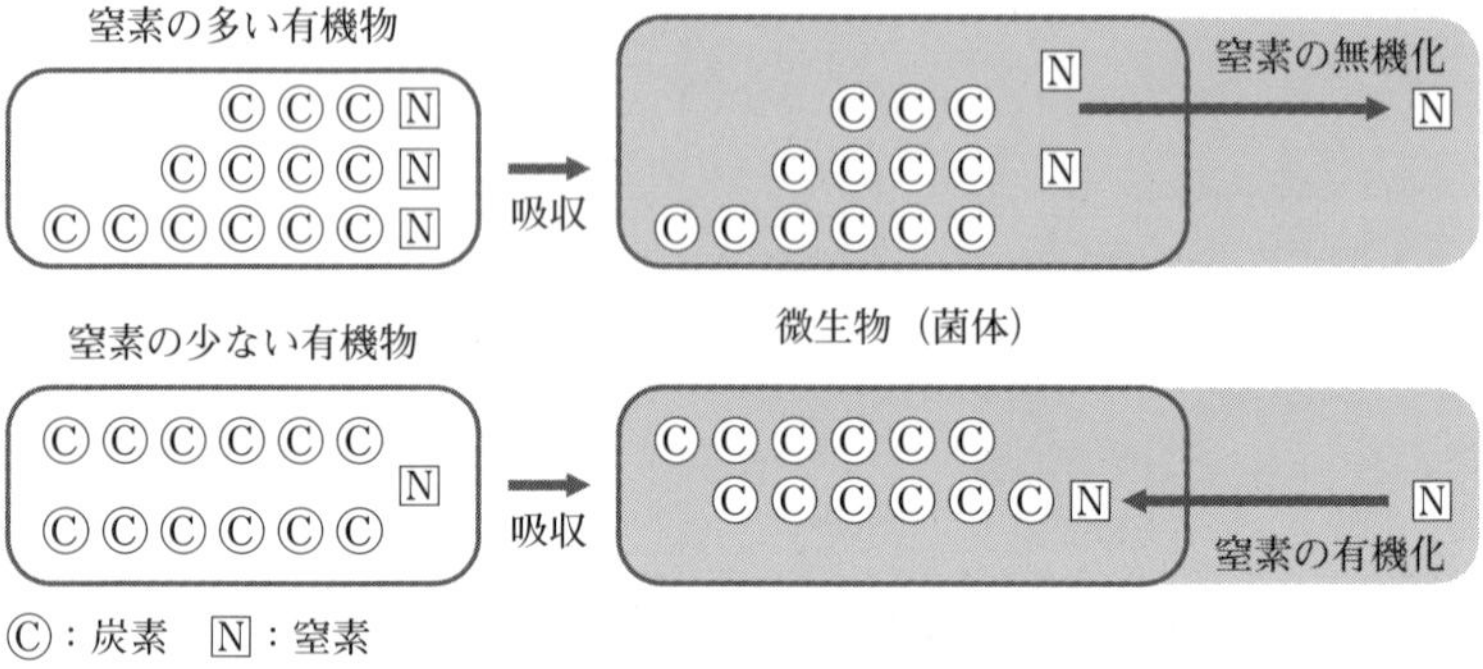


図2−14　窒素の無機化と有機化

撲や呼吸障害などのストレスを与えないよう、床にオガクズ・モミガラ・稲ワラ・麦稈などが大量に敷かれ、糞はこれらの敷料と一緒に堆肥化される（図2−13）。流下式のように敷料を使わずに、糞と尿を分離したい方式であっても、堆肥化するなら、これらの敷料と同じような水分調整材が大量に加えられる。いわゆるC／N比の調整だ。

C／N比は、シーエヌヒとか炭素率とよばれる。有機物に含まれている炭素（C）と窒素（N）の比率をいう。C／N比がおおむね二〇を境として、それよりも小さい（つまり窒素が多い）と微生物による有機物分解の際に窒素が放出され（無機化）、C／N比が大きいと反対に土の中の窒素が微生物にタンパク質として取り込まれる（有機化）。そのため、C／N比の大きな有機物を土に施すと、窒素が微生物に取り込まれ、作物に利用できる窒素が少

**図2－15　ケージ飼いの鶏糞は敷料を使わないから窒素が濃い**

なくなり、作物は窒素飢餓に陥る（図2－14）。また、堆肥づくりや堆肥の品質診断にも重要な値で、材料のC／N比を二〇～四〇に調整し、完成堆肥が一五～二〇になるのがベストといわれている。

牛糞などの場合、敷料や水分調整材はC／N比が高い（炭水化物が多く、窒素が少ない）ので、堆肥化では微生物によって分解されやすい窒素が糞から奪われる。また、窒素の乏しい敷料と混ざることによって、糞の窒素が薄まる。このため牛糞堆肥で窒素が四％も五％もあるものはない。ブロイラーは敷料の上で平飼いされることが多いので、糞の窒素が敷料と混合したり微生物に取り込まれることにより薄まる。これは平飼いの卵用鶏でも同じである。

ケージ飼いの卵用鶏では敷料が糞に混ざらず、そのまま堆肥化されるため、窒素が薄まらない（図2－15）。通常

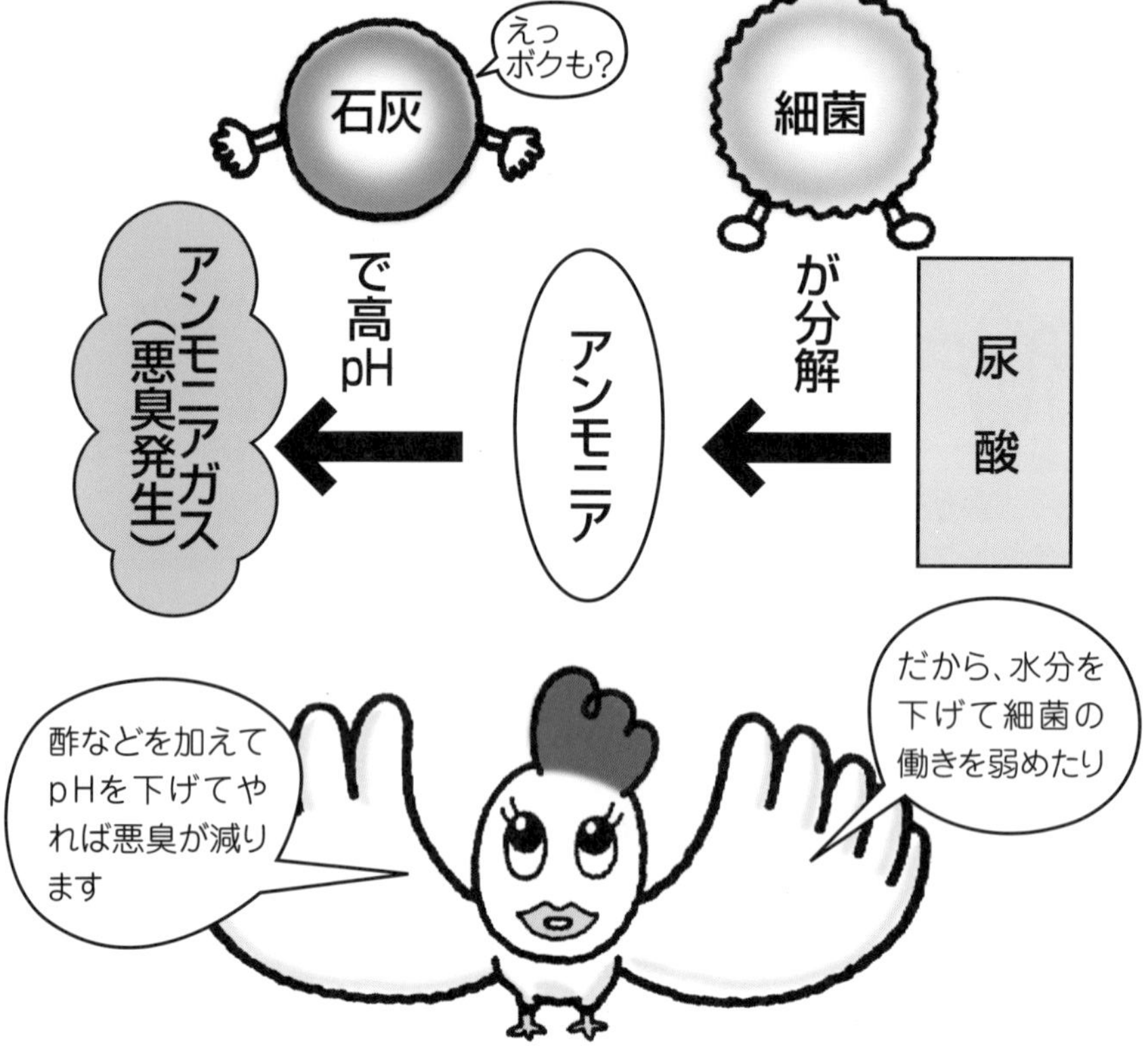


図2－16　石灰による高pHでアンモニアが「ガス」で揮散

の卵用鶏で敷料を使っている養鶏場はあまり見かけない。敷料が混じらないので鶏糞中の窒素も必然的に高くなる。C／N比も一〇前後と低いため、窒素の肥料効果は高くなる。

## 石灰でpH上昇、アンモニアが「ガス」で揮散

卵用鶏の鶏糞はカルシウム（石灰）分を多く含むため、pHが高い。この高pHがアンモニアをアンモニアガスに変え、「悪臭発生！」となる（図2－16）。たとえば、土壌pHがアルカリの場合や、窒素肥料と石灰資材を同時に施用するとアンモニアガスが発生しやすい。理論的に説明すれば、アンモニアは水分に溶けているが、pHが八・〇を超すと水とアンモニアのバランスが崩れ、アンモニアはガスとなって揮散することになる。まさにこの現象が鶏糞では起こっているのだ。つまり、鶏糞は尿が混じって窒素に富み、カルシウムに富むがゆえpHが上昇し、クサイのである。

## 人は尿酸がたまると「痛風」になる

痛風は尿酸が間節の中にたまって起こる病気だ。尿酸は多い人で一日に一g、尿中に排出されている。それが腎機能不全による排せつ障害があるときに高尿酸血症を引き起こす。下流をせき止められた川のような状態である。尿酸は関節の中で結晶になり、それを白血球が排除しようと集まってきて痛みの原因になる。

しかし、人やサル以外の動物は痛風にならない。これは、霊長類を除く多くのほ乳類が尿酸をアラントインに代謝する酵素ウリカーゼをもっているためである。ウリカーゼは下等な動物にもみられ、先天性の原因がない限り高尿酸血症は起こらない。犬や猫、鳥、魚類なども体内で尿酸はできているのだが、すぐにアラントインに変えられる。アラントインは水に溶けるので結晶にならず、最終的にアンモニアとして尿の中へ捨てられる。

### ⊙なぜ、尿酸が高等動物にだけ存在するのか?

人が進化の過程で、なぜウリカーゼを失ってしまったかはわからない。いつぞやの時代に突然変異でウリカーゼを失ってしまった個体が、その環境に適応した可能性はある。ある時代の霊長類は肉・魚をおもなエネルギー摂取源としなかったため、体内へのプリン体の蓄積がなく、かえってウリカーゼがないことで生存につながったという説もある。

いっぽう、尿酸が高等動物にだけ存在するのは何らかの意味があるからではないか? という考え方もある。平たくいえば、尿酸は何か人の役に立っているかもしれないということである。たとえば、ガンができる原因の一つに活性酸素という有害な物質がある。尿酸には強い還元作用があり、活性酸素を無毒化するので、ガンができにくくなるのではないかという説である。人がガンになる確率は尿酸をもたないネズミなどより低いという論文も出ている。

また、「尿酸は元気の素である」という考え方もある。これは尿酸値が高い人ほど、いろいろな意味で活動性が高いからである。ただし、尿酸は体内のエネルギーの燃えカスともいえ、エネルギー代謝が活発になると体の中でたくさんつくられ、上昇する傾向がある。つまり、「元気だから尿酸値が高い」のであって、「尿酸値が高いから元気」というわけではない。

### ⊙痛風を防ぐために食べていけないものはない

よく「肉をたくさん食べると尿酸値が上がる」といわれている。これも間違いではないが、肉にたくさん含まれているタンパク質が尿酸の素になるわけではない。尿酸の原料になるのはプリン体という物質である。プリン体は窒素を含む低分子化合物だが、タンパク質から直接できるわけではない。むしろ、タンパク質を極端に制限するほうが身体によくない。

動物の内臓、魚の卵などには、プリン体が非常に多く含まれている。フグの白子、キャビア、鮟肝、レバーなどの食品である。しかし、幸いなことに、このような食品は珍味や酒の肴なので、よほどのことがない限り、大量に食べることはない。たまに少々楽しむ程度なら、まず問題ない。それほど神経質に避けなくても大丈夫である。

つまり、痛風を防ぐために食べていけないものはない。それよりも、カロリーをとりすぎないよう心がけて、肥満の防止に努め、なるべく多くの種類の食品をとるようにすることが大切である。尿酸は誰の身体の中にでもつくられるものであり、人は正常な状態で常に一gぐらい持っている。これぐらいの尿酸なら、体の中で害にはならない。

アンモニアを発生させやすい石灰＝カルシウムは、生石灰（きせっかい）＝酸化カルシウム、消石灰（しょうせっかい）＝水酸化カルシウムであり、炭カル＝炭酸カルシウムはあまり反応しない。農業の世界では、炭酸石灰とか炭酸苦土石灰ならばpHを急激に上昇させないため堆肥と同日撒きでも大丈夫、接触してもかまわないというのが通説である。鶏糞に含まれるのは、アンモニアと反応する酸化カルシウムである。

ナマの牛糞や豚糞などは尿素が変化してアンモニアになる。尿素肥料を直接土壌に撒いた場合も、水と反応して二酸化炭素とアンモニアになる。鶏糞の場合は尿酸がアンモニアになる場合と、一部の未消化濃厚飼料（約二〇％がタンパク質）がアミノ酸に変わり、さらにアンモニアになる場合がある。これらのアンモニアは土壌に吸着されて、微生物の働きにより硝酸になって、作物に吸収される。

たとえばモミガラやオガクズなどの副資材を混合してC／N比を大きくしたり、pHを低下させればアンモニアは発生しにくい。しかし卵用鶏の鶏糞の場合、そのような副資材を混合することがなく、もともとのカルシウム分に加え、尿酸が分解してアンモニアが生成されやすいのでpHが高くなる傾向にある。

## 窒素の量は「飼い方」で変わる

卵用鶏の飼養形態はケージ飼いが主流である。鶏舎構造は、低床式鶏舎、高床式鶏舎、ウインドレス鶏舎がある。飼い方の様式によって糞の扱い方が違う。

### 低床式から高床式、ウインドレス、平飼いまで

#### ▼低床式

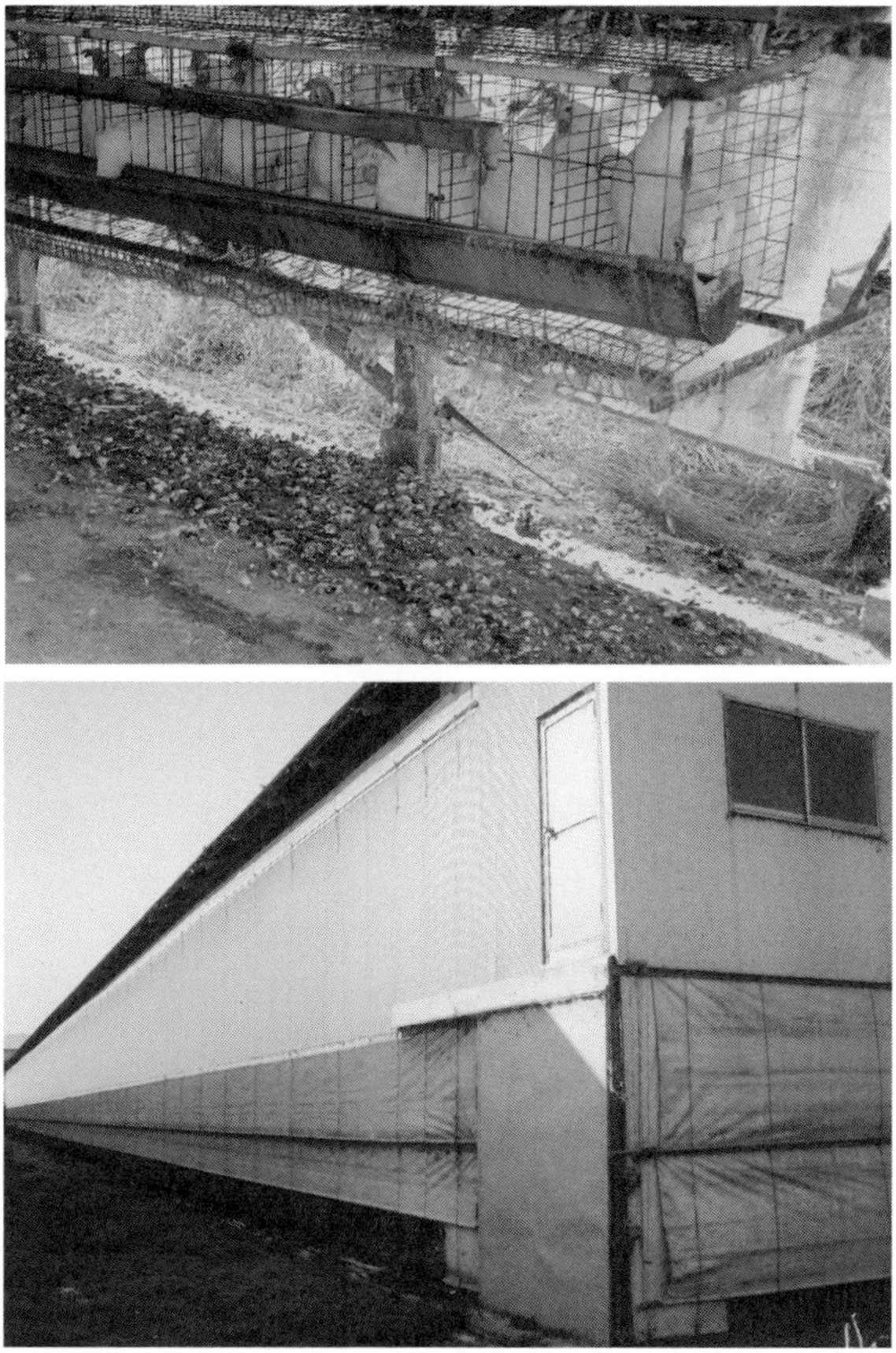
図2−17　低床式鶏舎(上)と高床式鶏舎(下)

「低床式」は屋根つき壁なしの開放型鶏舎でニワトリを飼う、もっとも一般的な様式である（図2−17）。ケージ（鉄線製飼育カゴ）は下に人がやっともぐりこめる程度の高さに設置し、糞はケージ直下の地面に落ちてたまる。糞はある程度たまったら、スクレーパーなどでかきとって回収する。除糞間隔は二〜三週間程度である。

糞上部は新鮮糞が存在し、下部は嫌気状態の部分もあって発酵が進まず、除糞日の水分は七五％程度である。つまり、尿酸を分解するウリカーゼにとって条件が整った環境であり、堆肥化施設に移動するまでに

図2−18　ウインドレス鶏舎

窒素は三％程度まで低下する。

**▼高床式**

いっぽう、ケージの位置を高くして、そのぶん、地面に落ちた糞からニワトリの体を遠ざけたのが「高床式」である。屋根つき壁つきの二階建て鶏舎で、二階にケージを組み立ててニワトリを飼い、糞をその下の一階に落として堆積する構造である。ケージを二段、三段、四段と積み重ねて立体構造にする場合、垂直に積み重ねるのではなく、糞が下の段のケージに入らず落下するようにひな壇式にする。

高床式は新鮮な空気がケージ下から入って換気量が増加するため、多羽数・高密度飼育に適している。糞の処理回数も少なくなるので、排せつ糞を大量に蓄積できる。ただし、堆積糞がハエの発生源となりやすいのが欠点である。

高床式では糞の一部で堆積による発酵熱が生じるため、除糞時の水分は四〇～五〇％に低下する。しかし、糞の貯留期間が三カ月以上と長く、その間に有機物の分解が進むので、窒素の残存率は低床式よりも低くなる。

**▼ウインドレス**

ウインドレス鶏舎は舎内の気温が二七℃程度に保たれ、空気の流れと量も機械的に調節して通風を図るため、開放型よりも高密度・多羽数飼育が可能である（図2−18）。多段式ケージで給餌《きゅうじ》、給水、集卵、除糞などが自動化され、少ない面積・労働力で効率よくニワトリが飼える。

ウインドレス鶏舎は糞の乾燥装置が装備されているので、糞の水分は四〇～六〇％程度まで低下する。さらに、排糞が自動化されており、除糞間隔は七日程度となっていることが多い。そのぶん、尿酸の分解が抑制されるので、糞の尿酸態窒素と全窒素量は開放型鶏舎よりも高い。さらに、自動化により鶏舎から一定間隔で排出されるため、糞の性状が安定している（バラツキが小さい）のも鶏糞の製品化にとって有利である。

**▼平飼い**

平飼い式（卵用鶏）では床の上にモミガラやオガクズを敷いてニワトリを飼う（図2−19）。これら敷料や水分調整材はC／N比が高い（炭水化物が多く、窒素が少ない）ので、糞の窒素が薄まり（希釈され）、さらに堆肥化でも糞の窒素が微生物によって敷料の分解に奪われる。

図2−19　平飼い鶏舎

ブロイラー（肉用鶏）も卵用鶏の平飼いと同じく床面にオガクズなどの敷料を入れる。敷料は今日さまざまな研究が行なわれており、鶏糞の性状や成分は敷料の種類や量に影響される。ブロイラーでは、出荷時に除糞作業を行なうが、水分は三五％程度に低下している。これは、ブロイラーの体温により糞中の水分が蒸発するためである。リッター・フロア（床面の鶏糞の上）でブロイラーを飼育する利点である。ブロイラー鶏糞は排せつ直後糞の窒素が四％前後あるが、最終的に二～三％程度の窒素含有量となる。

なお、平飼いの鶏糞は経営規模が小さい（羽数が少ない）こともあって、あまり広域には流通していない。ブロイラーの鶏糞も水分が低いというメリットを活かし、最近は燃やして処理されることが多いようである。

大阪府立産業技術総合研究所ではブロイラー鶏糞に着目し、外部からの燃料投入なしで燃焼を継続するのに十分な発熱量があると試算している。乾物あたりの化学組成と、ボンベ式発熱量計で分析した結果、総発熱量（高位発熱量ともいう）は、一二・四MJ／kg（三〇〇〇kcal／kg相当）、低位発熱量（水分の蒸散熱量を引いた値）は一〇・二MJ／kg（二四〇〇kcal／kg相当）であった。これは、灯油の発熱量の約三分の一の値である。

このように鶏糞は非常に高カロリーなため、密

**表2－3　卵用鶏糞（ナマ糞）の無機成分含量**（水分は現物、他は乾物あたりで表示）

（小阪ら、2004）

| 調査月 | 水分（%） | pH | EC（mS/cm） | 全窒素（N、%） | 尿酸態窒素（N、%） | 全リン（$P_2O_5$、%） | 全カリ（$K_2O$、%） | 全石灰（CaO、%） | 全苦土（MgO、%） |
|---|---|---|---|---|---|---|---|---|---|
| 4月 | 70.2 | 7.5 | 6.55 | 4.2 | 1.2 | 4.4 | 3.9 | 15.1 | 1.1 |
| 5月 | 69.8 | 7.5 | 6.83 | 4.4 | 1.2 | 4.4 | 3.4 | 12.5 | 0.8 |
| 6月 | 72.5 | 7.6 | 7.01 | 4.0 | 0.9 | 4.4 | 3.1 | 12.7 | 0.9 |
| 7月 | 73.5 | 7.0 | 6.85 | 3.6 | 0.5 | 4.9 | 3.6 | 11.0 | 0.9 |
| 8月 | 75.6 | 7.0 | 7.58 | 3.6 | 0.5 | 4.7 | 3.6 | 12.5 | 0.8 |
| 9月 | 69.9 | 7.7 | 8.26 | 3.4 | 0.4 | 4.6 | 3.4 | 14.6 | 0.7 |
| 10月 | 70.2 | 7.3 | 7.85 | 3.5 | 0.0 | 4.6 | 3.5 | 13.5 | 0.9 |
| 11月 | 72.3 | 7.4 | 7.54 | 4.3 | 1.2 | 4.5 | 3.5 | 12.5 | 0.7 |
| 1月 | 77.3 | 7.5 | 8.54 | 4.2 | 1.1 | 4.5 | 3.2 | 12.6 | 0.8 |
| 2月 | 70.8 | 7.4 | 7.54 | 4.3 | 1.2 | 4.4 | 3.5 | 12.6 | 1.3 |
| 3月 | 71.5 | 7.2 | 7.85 | 4.5 | 1.3 | 4.6 | 3.3 | 12.5 | 0.9 |
| 平均値 | 72.1 | 7.4 | 7.49 | 4.0 | 0.9 | 4.5 | 3.5 | 12.9 | 0.9 |
| 標準誤差 | 2.47 | 0.23 | 0.63 | 0.39 | 0.44 | 0.17 | 0.22 | 1.12 | 0.18 |

注　調査は、低床式鶏舎における堆積鶏糞を毎月採取し、分析に供した。
除糞は7日に1回の間隔で行なっている。

閉縦型発酵装置（54ページ、103ページ）などのバッチ式でも、牛糞のように副資材を投入することなく、堆肥化が進むのである。

### 空気に触れる時間の長さ、除糞の頻度で決まる

鶏糞の水分は一般に七〇～七五％程度であり、夏季は多量に給水を行なうため高くなる（表2－

**表2－4　鶏糞の水分**　（中央畜産会、2000）

| 種類 | | 水分（%） |
|---|---|---|
| 卵用鶏 | 低床式（毎日除糞） | 78 |
| | 低床式（週1回除糞） | 75 |
| | 高床式 | 40～50 |
| | ウインドレス（予備乾燥有） | 60 |
| ブロイラー | | 35 |

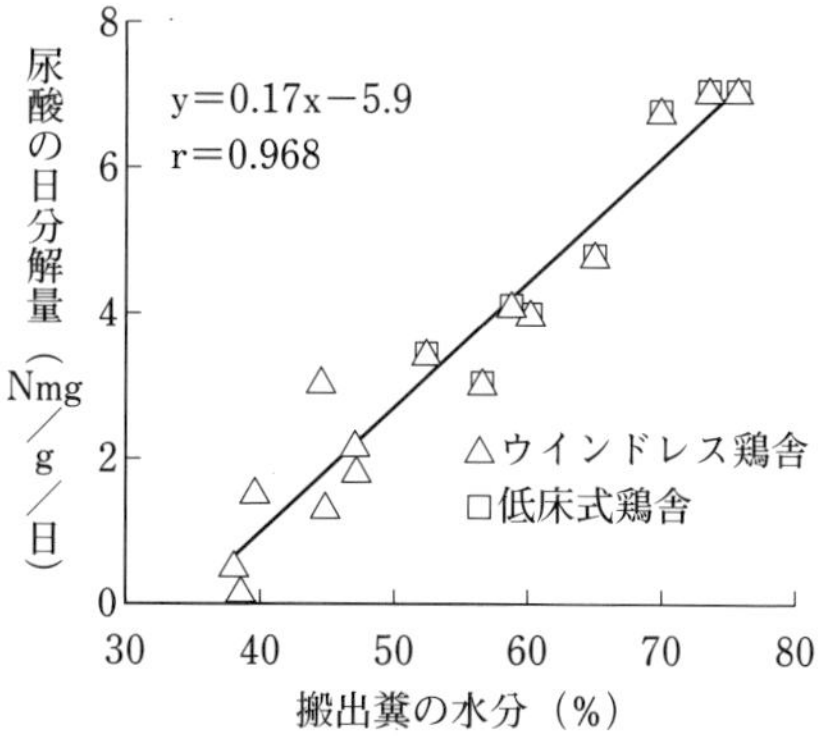


**図2－20　鶏舎構造の相違が尿酸の日分解量に及ぼす影響**

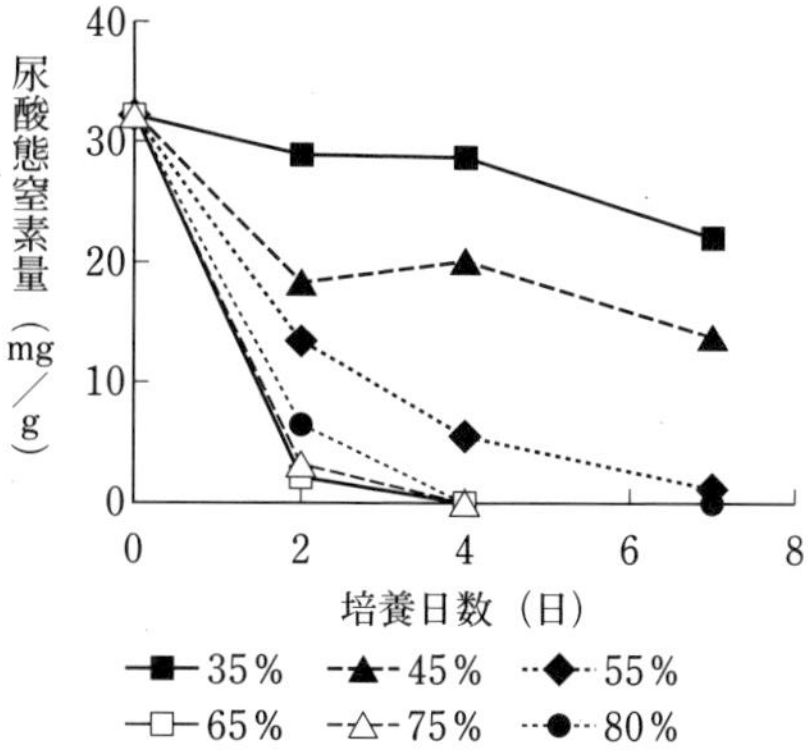


**図2－21　鶏糞中の水分が尿酸窒素量に及ぼす影響**

3）。また、卵用鶏では、幼雛《ようすう》、中雛《ちゅうすう》、大雛《だいすう》、成鶏という段階で飼養されるが、ヒナの時期は鶏糞の水分が非常に高く、成鶏とは排せつされる鶏糞の性状が著しく異なる。

この排せつ直後の糞の水分は、飼い方によっても大きく異なり（表2―4）、その水分が窒素の源である尿酸の分解に大きな影響を及ぼすのである。つまり、水分が高いほど、尿酸の分解は早い（図2―20）。低床式鶏舎では排せつ直後の水分は七五％程度であるため、およそ四日で尿酸がほぼ分解されているが、ウインドレス鶏舎では、糞乾燥装置があり、糞搬出間隔も五〜七日程度なので、ほぼ排せつ直後の糞の窒素量が維持される（図2―21）。

排せつ直後の糞の窒素は、エサの粗タンパク質（CP）の量にかかわらず、おおむね六％前後である。しかし、低床式では鶏糞が二〜三週間放置されるので、その間微生物との接触が多くなる。さらに、高床式では半年、長いものでは約一年放りっぱなしにできる（図2―22）。

いっぽうウインドレス鶏舎では搬出の素早さが、鶏糞中の尿酸を残存させている（表2―5）。

高床式
ケージの位置が
高く、糞を貯留
できる。糞中の
窒素残存率は
低くなる。
こうやって
飼われて
るんだ〜
低床式
糞がたまってきた
らスクレーパーな
どでかきとる。
ケージ
窒素の放出
糞の搬出
N

表２－５　鶏舎内における鶏糞の尿酸分解速度　（小阪ら、2004）

| 調査日 | 単位 | 尿酸態窒素量 | |
|---|---|---|---|
| | | 低床式 | ウインドレス |
| 排せつ後１日 | mg/g | 21.8 | 27.1 |
| 排せつ後５日 | mg/g | 6.5 | 26.4 |
| 尿酸分解速度 | mg/g/ 日 | 7.7 | 0.35 |

表２－６　鶏舎構造と鶏糞成分量の実例

| 鶏舎構造 | 貯留期間 | 全窒素量 (mg/gDM) | 尿酸態窒素量 (mg/gDM) |
|---|---|---|---|
| ウインドレスＡ | ３日 | 55.4 | 30.7（55％）* |
| ウインドレスＢ | ５日 | 53.9 | 26.2（49％） |
| 開放低床Ａ | ２カ月 | 34.7 | 7.7（22％） |
| 開放低床Ｂ | ４カ月 | 33.3 | 5.1（15％） |

＊尿酸態窒素量の割合：尿酸態窒素量 / 全窒素量× 100

鶏舎構造の異なる鶏舎からの搬出糞の分析例を見てみると、ナマ糞中の窒素量と尿酸態窒素量は、鶏舎での貯留期間と貯留条件によって大きく異なることがわかる（表2－6）。

低床式鶏舎では排せつ直後から除糞までの期間で尿酸がほぼ分解され、それにともない窒素が低下する。ブロイラー鶏糞の排せつ直後、糞の窒素は四％前後であるが、最終的には敷料などで希釈され、二～三％程度の窒素量となる。要するに、窒素を支配している尿酸がどれだけ分解されているかにより、鶏糞中の使える窒素量が決まる。

## 窒素の量は「堆肥化」でも変わる

### 主流は「開放型」、人口密集地域で「密閉型」

鶏舎から出された糞は貯留施設、堆肥化（発酵）施設、乾燥施設の順に移されるのが一般的だが、このうち、とくに糞中の窒素残存率に差が生じるのは堆肥化（発酵）処理である（図2－23、表2－7、図2－24）。

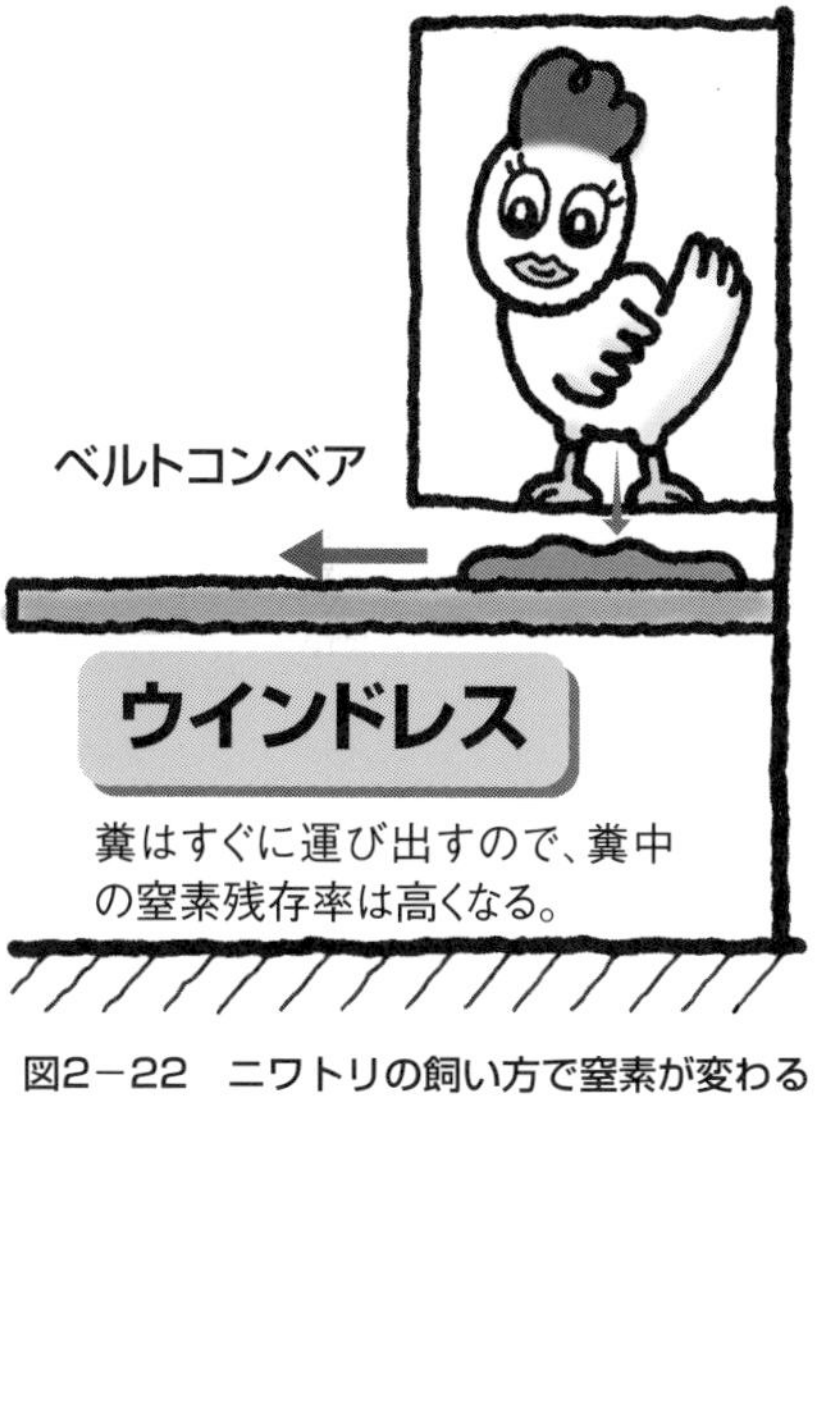
ベルトコンベア
ウインドレス
糞はすぐに運び出すので、糞中の窒素残存率は高くなる。

図2－22　ニワトリの飼い方で窒素が変わる

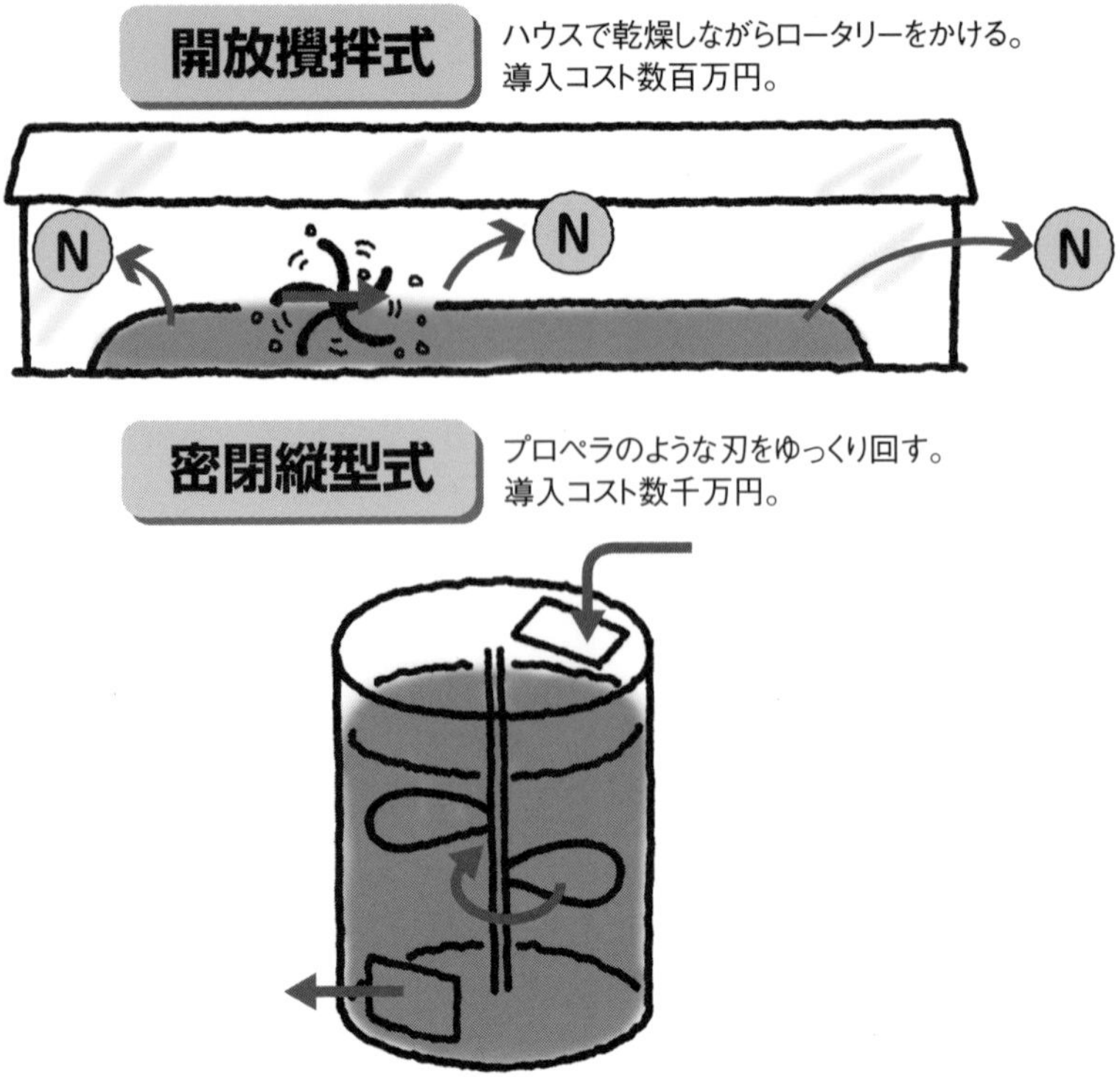
開放攪拌式
ハウスで乾燥しながらロータリーをかける。
導入コスト数百万円。
N
N
N
密閉縦型式
プロペラのような刃をゆっくり回す。
導入コスト数千万円。

図2－23　堆肥化によって窒素が変わる

堆肥化施設はコンクリート枠にパタパタとかき混ぜながら動く攪拌装置が付いた「開放型」が主流である。鶏舎から出された糞を一番手前にどさりあけて、約一日でざっと二m程度、糞が移動する。だいたい一四日間で三〇m移動する計算になり、入口と出口の作業スペースを確保すると、長さは五〇mに達する。かなり大きな施設になる。

いっぽう、畜産業も人口密集地域に立地することが多くなってきた。そのようなところでは敷地に余裕がなく、また臭気対策も必要になるため、堆肥化施設は「密閉型」の導入が進んでいる。密閉型は、いわばビールの貯蔵タンクを思わせる円筒形の施設であり、中にはゆっくりと回る攪拌棒が付いている。攪拌棒に付いている三本の羽のうち、一番下の羽の下から空気を送り込める仕組みになっている。

いくつかの実例調査によると、卵用鶏一万羽あたりの施設費は、開放型(横型)が火力乾燥＋スクープ発酵式で四〇〇万円台、堆積発酵強制通気＋ロータリー発酵式で三〇〇万円台、ハウス乾燥＋堆積発酵切り返し式で二〇〇万円台である。年間維持管理費はハウス乾燥と火力乾燥と堆積発酵式が二〇万円以下、他の装置は三〇～四〇万円である。いっぽう、密閉型（縦型）は施設費が二〇〇〇万円台、維持費が年間五〇万円以上と高い。

## 低床式（高床式）＋開放型＝リン酸・石灰肥料

開放型では糞の温度が平均四〇～五〇℃まで上がり、徐々に水分が低下する。これは尿酸を分解する微生物にとって好条件（温度、水分）である。実際、開放型の施設を訪れると目を突くような刺激のあるアンモニアが大発生している（図2―25）。

また、開放型ではハウス乾燥処理方式が採用されている（図2―26）。太陽エネルギーを活かして処理経費が少ないため、さまざまな畜産農家で広く利用されているが、鶏糞中の水分が抜けきるまでに尿酸の分解が進んでしまう。

**表2－7　異なる堆肥化方式で生産される鶏糞堆肥の窒素成分の特徴**

| | 開放攪拌発酵式 | 密閉縦型発酵式 |
|---|---|---|
| 全窒素 | 低い（2～3％） | 高い（3～5％） |
| 無機化率 | 低い（25％） | 高い（30～50％） |
| 全窒素農家間変動 | 小さい（0.21） | 大きい（1.02） |
| 全窒素戸別季節変動 | 小さい（0.08） | 小さい（0.13） |

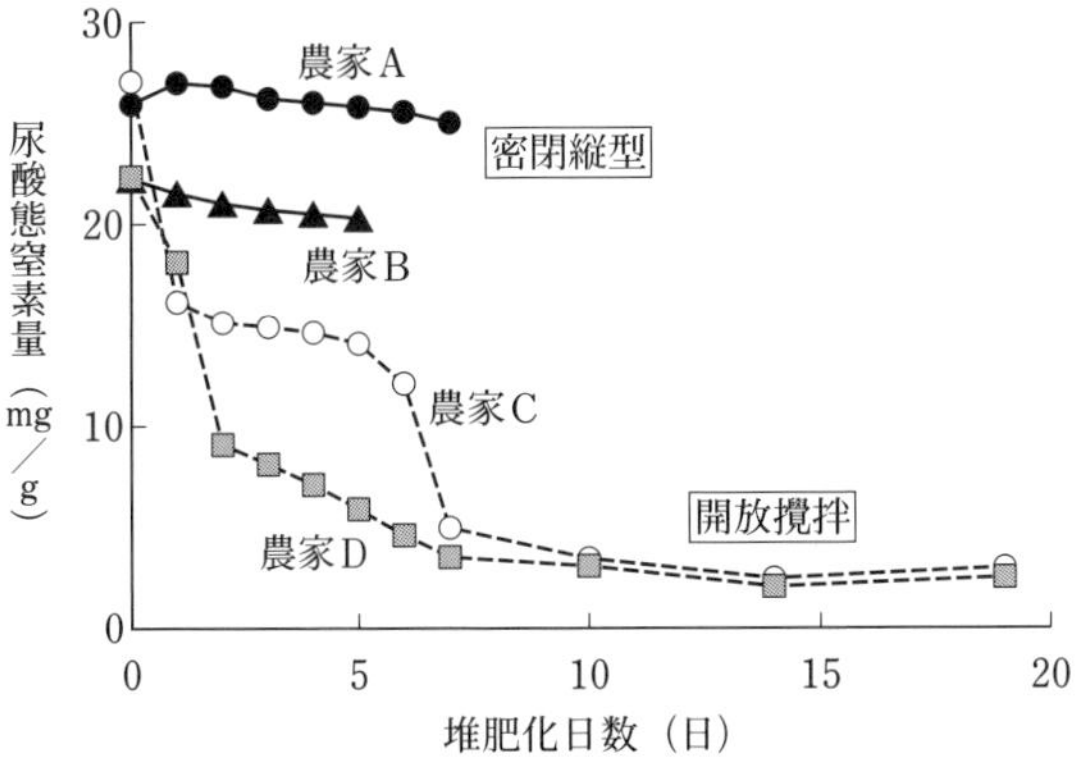


**図2－24　堆肥化処理の相違が鶏糞中の尿酸態窒素量に及ぼす影響**

**図2－25　開放攪拌式施設**（晃伸製機社製）

図2−26　ハウス乾燥処理施設

開放型では糞中の窒素が低くなり、リン酸五%・石灰一五%程度の鶏糞堆肥が生産される。処理工程中に有機物の分解が起こり、石灰の影響も受け、最終的な性状が円筒形のとても強固な堆肥ができる。わざわざペレットにするコストも必要ない。一般的にホームセンターや農協で販売されている「発酵鶏糞」はこの分類になる。

そもそも低床式鶏舎で除糞作業を一カ月以上行なわない場合や、高床式鶏舎では鶏糞が鶏舎の下で滞留している。そこで糞中の窒素が著しく低下するため、そこから排出される鶏糞を、窒素肥料として利用するのはなかなか難しい。ウインドレス鶏舎から搬出された鶏糞であっても、開放型で堆肥化されれば窒素成分が少なく、リン酸、石灰成分が高い鶏糞堆肥になる。

## ウインドレス＋密閉型（火力乾燥）＝窒素肥料

密閉型は七日間程度の好気的発酵が特徴で、エアレーション（空気を送ること）により、糞の温度が六〇〜七〇℃まで上がる。高温によって微生物の働きが停止するので、有機物の分解程度が低く、尿酸の分解も抑えられる（図2−27、図2−28）。結果的に糞の窒素残存率が高くなるいっぽう、リン酸、カリ、石灰などは濃縮されない。糞が外気にさらされないこともあって、ニオイのもとであるアンモニアの発生量も少ない。また、密閉型では火力による乾燥処理方式が採用されており、高温で急速に乾燥させるため、窒素成分が一部なくなってしまうものの、有機物の分解程度は低い。

低床式鶏舎で除糞作業を一〇日程度で行なう場

合や、ウインドレス鶏舎から排出される鶏糞は、排せつ直後の窒素（尿酸）成分が維持できるため、密閉型で処理された堆肥は窒素が五％程度と高くなる。そのほかの成分はリン三％、カリ二％、石灰一〇％と低くなる。

窒素肥料としての利用を期待する場合、窒素が高いぶん、施用量も少なくて済む。加えて、水分が二〇％程度に低下した粉状になるため、取り扱いやすく、長期間の保存にも耐える。水分が低下したペレットは押し出し成型機で三～五mm程度のペレット形状に仕上げる。

**図2－27　密閉縦型発酵施設**
（中部エコテック社製）

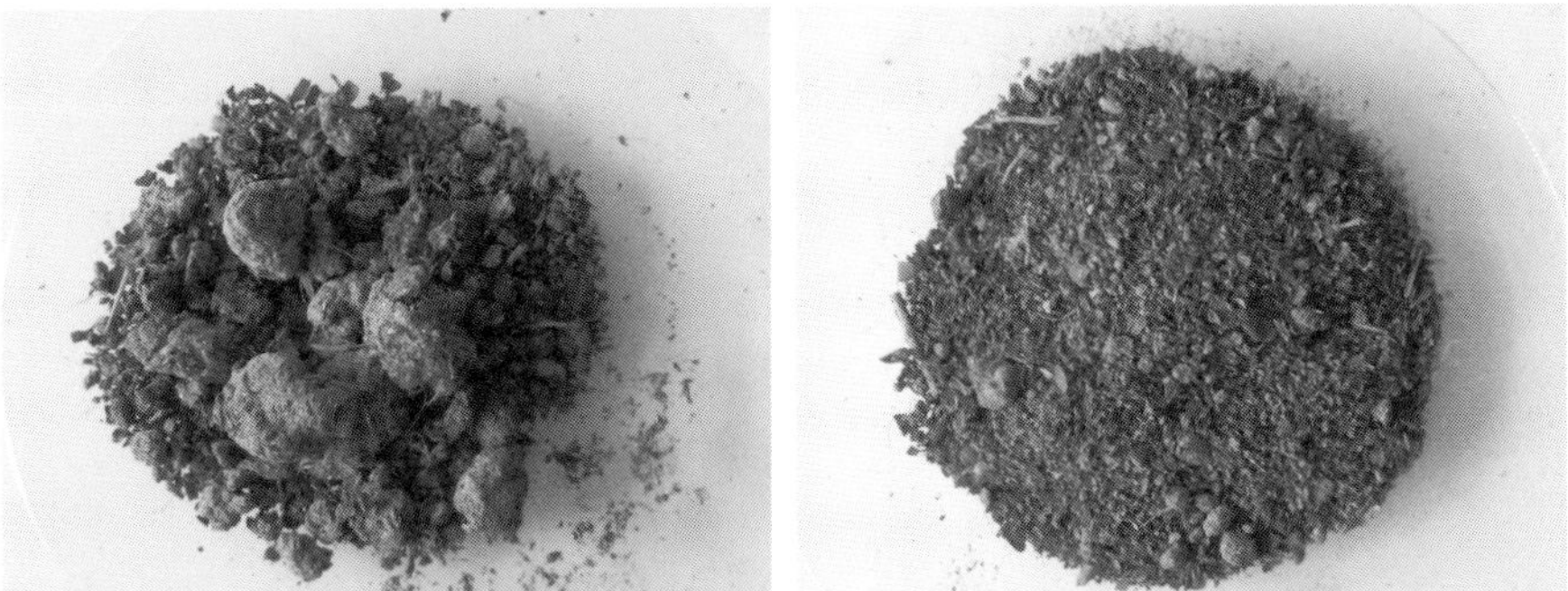

**図2－28　開放型**（左）**と密閉型**（右）**の堆肥形状**

## 平飼い＋副資材混合・堆積発酵＝土づくり堆肥

コンクリート枠の中でやる堆積発酵強制通気式や、堆積発酵切り返し式の処理では窒素が二％程度と低くなる。また、鶏糞はC／N比が六～八程度と低いため、C／N比の高い稲ワラやオガクズを混合し、窒素が速効的にならないような処理もある。

これらの鶏糞は、たとえば水稲刈取り後に水田の有機物の補給（土壌改良資材）として使用される。秋施用のリン酸、石灰施用と考えれば、むしろリン酸・石灰型に分類されるのかもしれない。また、自作の土ぼかしなどの原料としても人気がある。土ぼかしでは、この鶏糞に土とパーライトなどを混合し、肥料として家庭菜園に利用されるほか、苗の鉢上げ用の土としても使うことができる。

この方式では、水分調整材としてゼオライトに代表される鉱物系無機質資材を利用することもある。製品堆肥は、窒素、リン酸、カリともに一～二％程度である。ゼオライト鶏糞は、ゼオライトの鉱物的な特徴をうまく利用し、尿酸が分解したアンモニアをゼオライトに吸着させ、緩効性窒素肥料としての出来上がりを目指す。かなり高いノウハウが必要であるが、おもしろい堆肥化法である。

なお、ブロイラーでは鶏糞が自燃乾燥の状態で搬出されるため、鶏糞を燃焼させて鶏舎の暖房（鶏糞ボイラー）に利用したり、焼却される場合も多い。その燃焼灰はリン酸などを豊富に含むため、肥料として利用できる。この鶏糞燃焼灰は、有機質肥料メーカーが購入し、全国で流通している有機質肥料のリン酸原料となっている。さらに、近年ではロータリーキルン方式による鶏糞の炭化処理の研究が行なわれ、実際のプラントで肥料化が行なわれている事例もある。ただし、炭化鶏糞は窒素成分の高い他の原料と混合されると、アン

<table>
<tr><th>鶏舎／堆肥化</th><th>ウインドレス</th><th>低床式（早）</th><th>低床式（遅）</th><th>高床式</th></tr>
<tr><td>開放攪拌</td><td></td><td></td><td></td><td></td></tr>
<tr><td>ハウス乾燥</td><td colspan="2" rowspan="2">窒素肥料</td><td colspan="2" rowspan="2">リン酸・石灰肥料</td></tr>
<tr><td>密閉縦型</td></tr>
</table>

**図２－29　鶏舎と堆肥化の組み合わせによる生産堆肥の特徴**

モニアガスが発生しやすい状態になるため、利用がなかなか進まない。

鶏糞堆肥の出来上がりの状態は、これまでに紹介してきたように、ほぼ鶏舎の構造や堆肥化の方式で決定される。では、どんな鶏舎でどんな堆肥化をすれば、どんな堆肥が出来上がるのか？　図2－29に沿って、鶏舎や堆肥化を選択すると、どんな鶏糞でもだいたいこれらのパターンに分類することができる。

### 鶏糞の親戚!?　鳥の糞などに由来する「グアノ」

グアノは海中や海岸の島に生息する海鳥の排せつ物の堆積・固化によって生成された物質の総称である。洞窟に生息するコウモリの排せつ物や死体から生成されることもある。産地はペルー、南アフリカ共和国などが有名で、語源はインカのケチュア人の言葉「肥料となる糞」を意味するクアヌ（kuanu）に由来するとされている。

カルシウム、ナトリウム、カリウム、マグネシウム、アンモニア基などの含水リン酸塩鉱物を主とし、石灰質の岩石からなる地質の場合によく発達する。岩質によってはアルミニウムや鉄が加わることもある。構成鉱物の多くは弱酸に可溶で、水にも少量は溶解するため、リン酸肥料として用いられる。次のように窒素質グアノ、リン酸質グアノ、バットグアノの三種類がある。

**⦿窒素質グアノ**

降雨量の少ない乾燥地でできたもので、古くからペルー・グアノの名で親しまれてきた有機質肥料である。古い販売肥料として有名で、一九世紀前半には盛んに採掘、輸出された。日本には一九八八年から輸入されているが、現在はアフリカ産などがごくわずかに輸入されるだけで、良質の窒素質グアノは入手困難になっている。

普通肥料として規格化され、一般に窒素を一三～一六％、リン酸を八～一一％、カリを一・五～二・五％含む。窒素の形態は窒素全量一五％のうち、アンモニア態窒素五％、尿酸態窒素八％、残り二％程度は未消化排せつ物や羽毛などに由来している。施用にあたっては土壌と混和させる。

**⦿リン酸質グアノ**

おもに雨が多く気温の高い東南アジアなどで、母岩が珊瑚礁などに由来する炭酸石灰の島から産出される。窒素質グアノに比べてはるかに古い時代のグアノで、雨水などで窒素成分や有機物の多くが失われ、糞のリン酸成分などが母岩の炭酸石灰に作用して、難溶性のリン酸三石灰として沈殿堆積したものである。このためリン酸を多く含み、特殊肥料に区分されている。

堆積した年代によって呼称が異なり、有機物を多少残した比較的新しいものはリン酸グアノ、窒素や有機物がほとんど失われて岩石化した古いものはグアノリン鉱石とよばれている。アパタイト（岩石）化が進んだものは、リン酸の可溶化率が低く、リン酸の肥効がない。インドネシア産のリン酸グアノを用いて、ＪＡ全農肥料研究室が行なったリン酸の肥効試験では、熔リンと同等または若干低いという結果が出ている。

リン酸成分の高い数少ない有機質肥料の一つだが、不溶性のリン酸が多い。購入はリン酸の可溶化率の高いものを選ぶようにする。中には、く溶性リン酸または可溶性リン酸をほとんど含まないものがあるので注意する。

### ◉バットグアノ

バットマンで知られるコウモリの排せつ物がおもに堆積したもので、リン酸を多く含み、特殊肥料に指定されている。コウモリの糞に群がる昆虫類やコウモリの遺骸なども混ざり、フィリピンやインドネシアなどから輸入されている。採取場所によって品質にバラツキがあり、窒素〇・五～八％、リン酸五～三〇％を含むものが市販されている。バットグアノは西オーストラリア産が詳しく研究されている（表２‐８）。

**表２－８　バットグアノの成分分析例**

| 種類 | 産地 | 窒素全量 | リン酸全量 | く溶性リン酸 | カリ全量 |
|---|---|---|---|---|---|
| 窒素質バットグアノ | テキサス | 5.99 | 3.40 | | 1.19 |
| | クラカウ | 9.20 | 3.90 | | |
| | トンキン | 6.99 | 3.45 | | 1.15 |
| | フィリピン | 9.00 | 5.00 | | 1.00 |
| リン酸質バットグアノ | コルンバッツ | 1.90 | 11.70 | | |
| | ニューギニア | 2.60 | 26.70 | | 2.10 |
| | カンボジアＡ | ＜0.025 | 27.50 | 13.40 | 0.04 |
| | カンボジアＢ | ＜0.025 | 19.40 | 9.80 | 0.04 |
| | カンボジアＣ | ＜0.025 | 17.40 | 10.60 | 0.08 |
| | 産地不明 | | 26.64 | 13.39 | 0.04 |

原田ら（2009）による取りまとめ結果より引用。

# 第3章

# 長所を活かし、短所を補う使い方

## 効く窒素の割合を計算する

### 表示の全窒素(%)すべてが効くわけではない

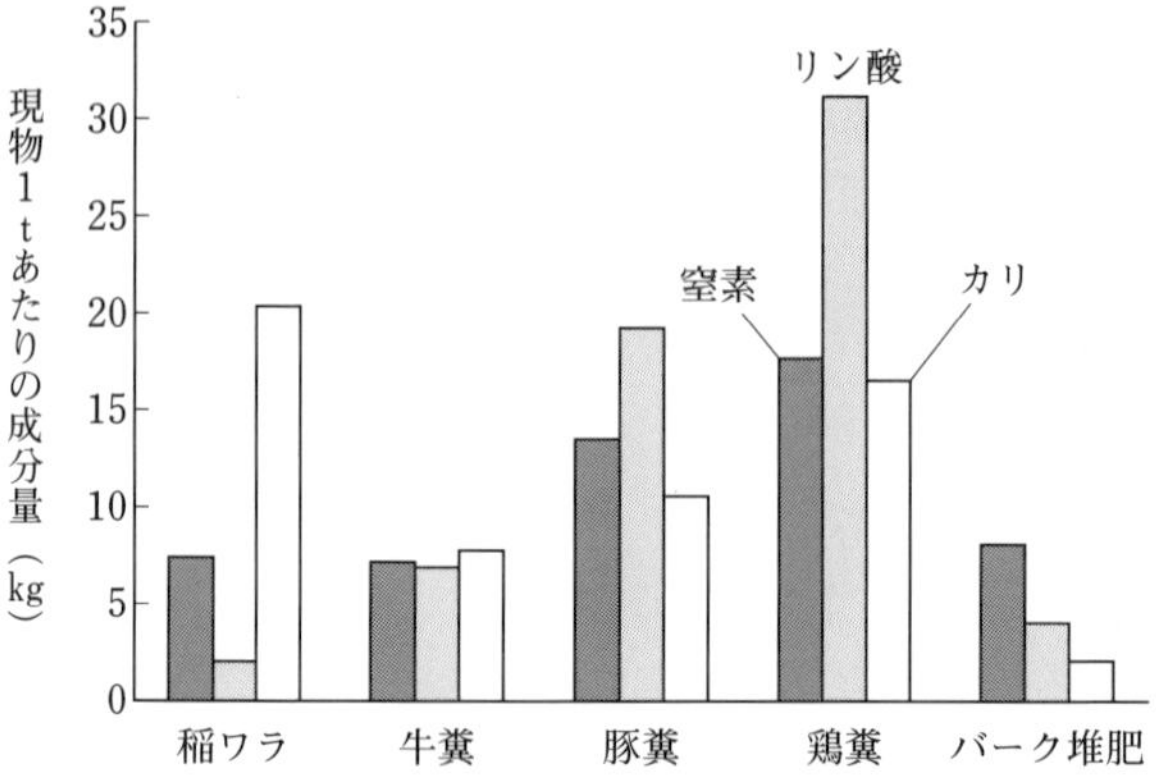


**図3-1　有機質資材の肥料成分含有率**　(小柳原図)

鶏糞は、牛糞や豚糞に比べて多くの肥料成分を含む(図3-1)。とりわけ窒素成分は家畜糞堆肥の仲間で鶏糞>豚糞>牛糞の順になる。そして、誰もが知っての通り、鶏糞の窒素はかなり早効きである(図3-2)。

牛糞、豚糞、鶏糞をそれぞれ土壌に撒いたときに発生する二酸化炭素の量を時間ごとに示す(図3-3)。最初の二~三週間に発生するガスの量も家畜糞堆肥中の窒素成分が高い順になっている。一般的に、分解されやすい有機物が多く含まれ、炭素率が低い有機物ほど分解されやすい。つまり、鶏糞は肥料の成分が多いだけでなく、効きやすくもある。

しかし、鶏糞の窒素の形は硫安(硫酸アンモニウム)など化成肥料のような無機態ではなく、尿酸などのような有機態が主体である。有機態の窒素には作物に利用される窒素もあれば、利用されない窒素もある。鶏糞の袋に表示されている窒素

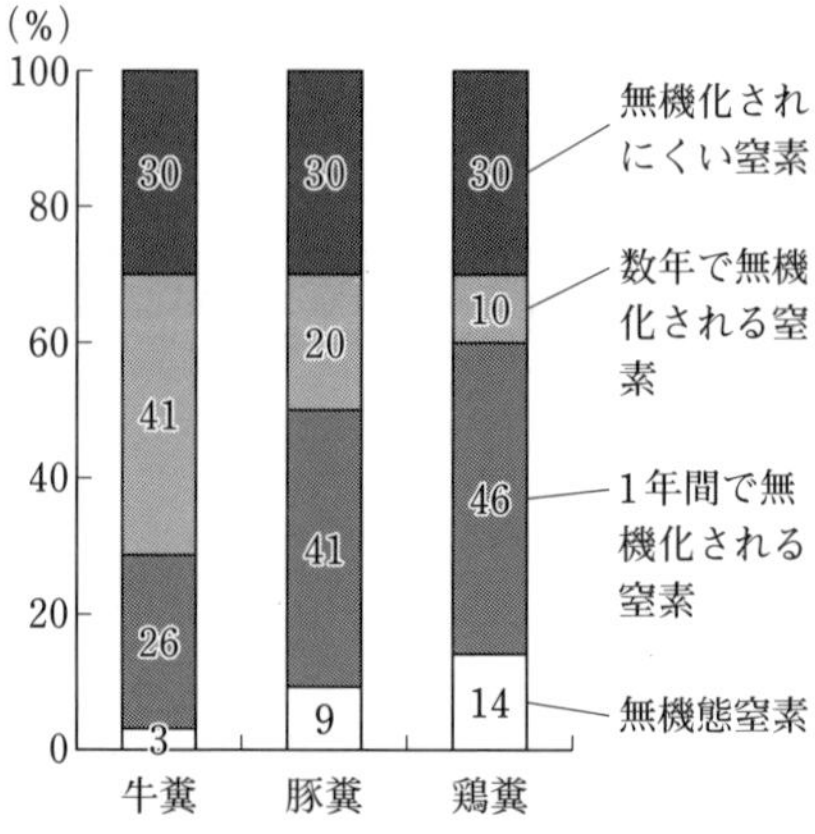


**図3-2　家畜糞窒素の有効化率の推定値**

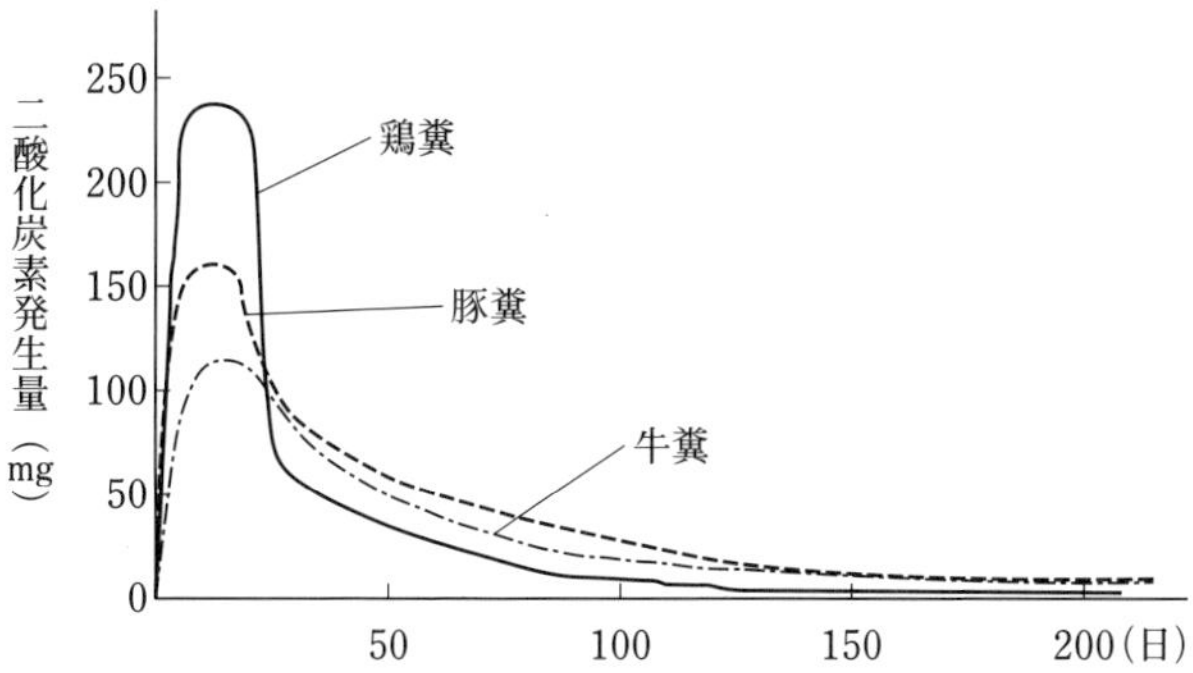


**図3－3　家畜糞の二酸化炭素発生量**　（松崎、1977）

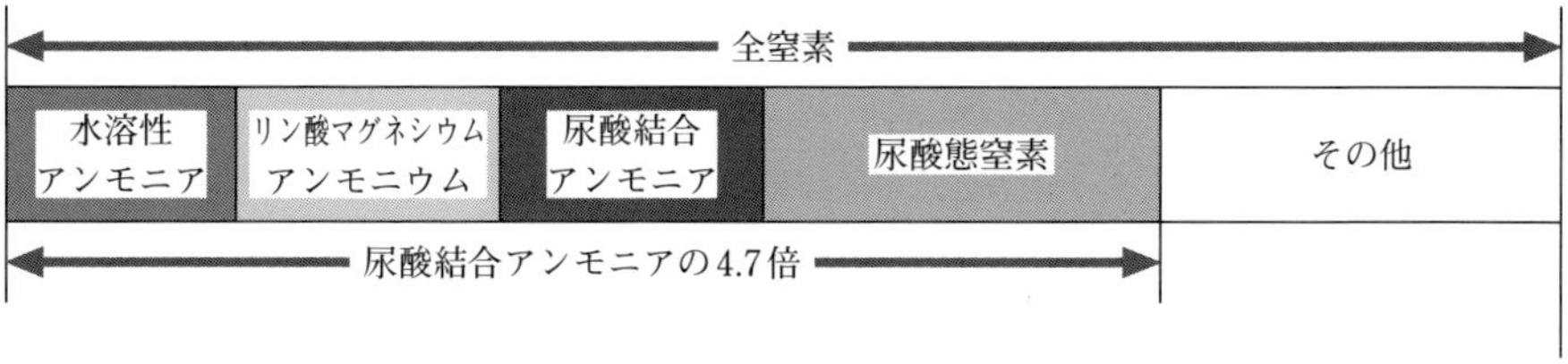


**図3－4　鶏糞堆肥の窒素の中身**　（棚橋原図を改変）

は、いわゆる全窒素であり、鶏糞に含まれるすべての窒素成分である。そのうち作物に利用可能な窒素の量、すなわち肥効量に換算すると、じつは半分程度の量である。

一般に鶏糞の窒素は速効的とされているが、最近の研究で速効的な窒素の量がわかってきたので紹介しよう。

## 効く窒素は一・二二×全窒素マイナス二・〇五（%）

図3―4は鶏糞に含まれている窒素の中身について示したものだ。鶏糞の窒素は、アンモニア、尿酸、尿酸結合アンモニウム、リン酸マグネシウムアンモニウムに分類される。これらを足し算すると「速効的」に効く窒素の量になる。

まず、アンモニア。これは、そのまま土の中に入ると微生物により硝酸に変わる、超速効的な部分である。次に尿酸。尿酸は微生物の作用によりアンモニアとなり、同様に硝酸になる。これが二番目に効いてくる速効部分である。そして最後にアンモニアとくっついている尿酸である。いずれも施用してから一カ月以内にすべて効いてくる窒

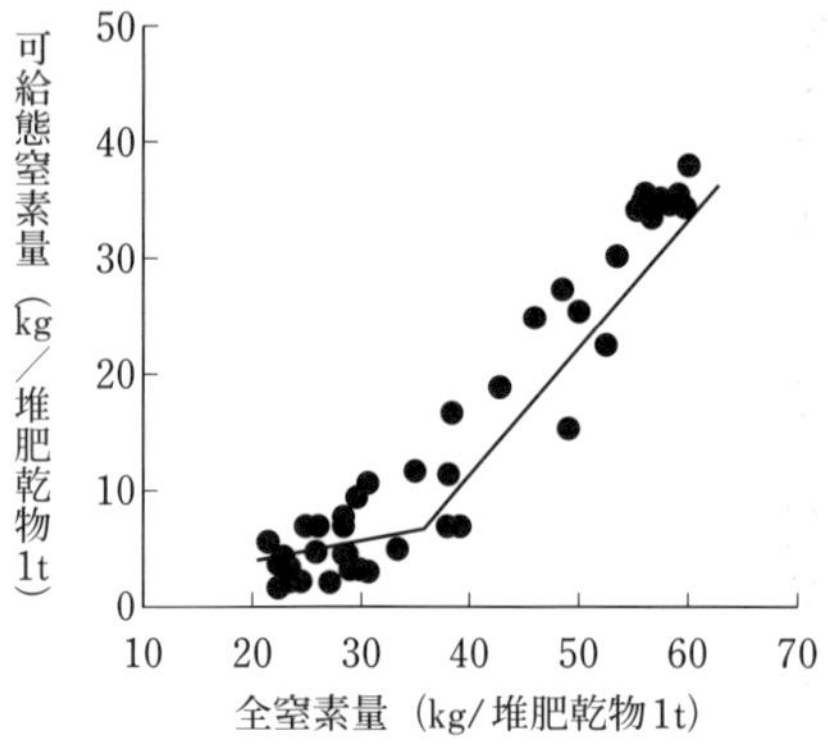


図3―6　鶏糞堆肥（乾物1t）中の全窒素量と可給態窒素量の関係

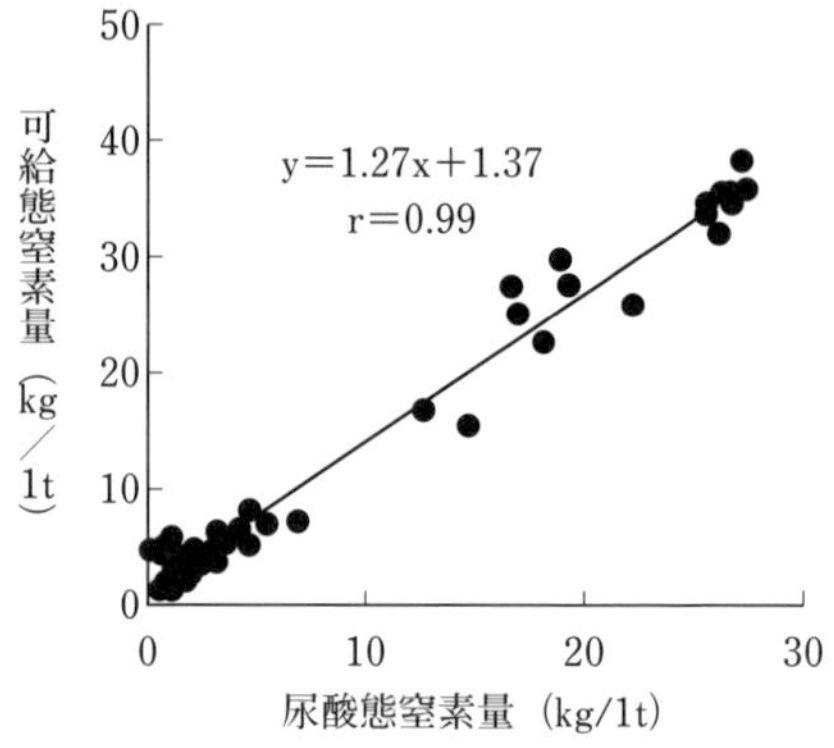


図3―5　鶏糞（1t）中の尿酸態窒素量と可給態窒素量の関係

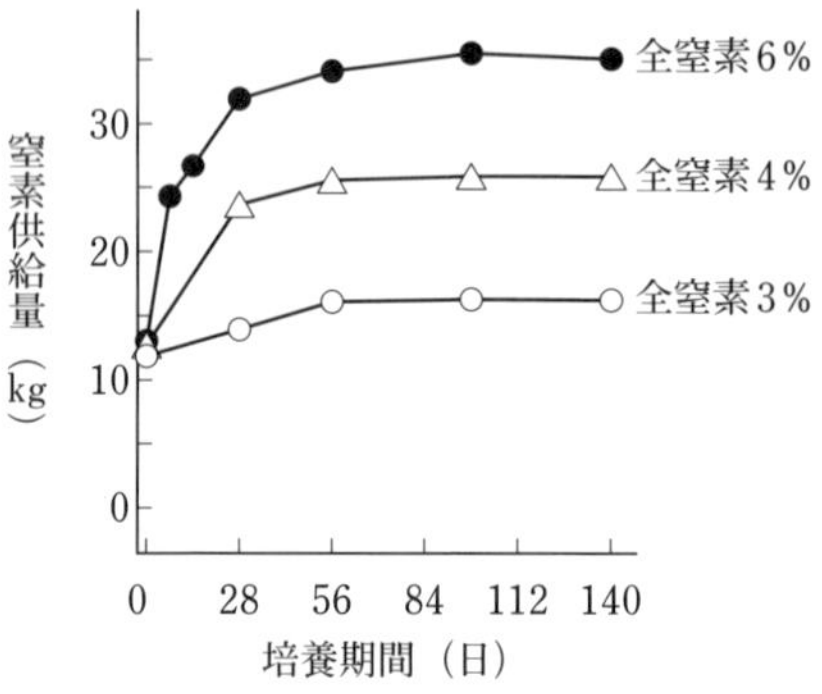


図3―7　鶏糞1t（乾物）施用当作の窒素放出パターン（三重県）

素となる。

そして、これらの窒素のうち、尿酸の量と速効的な窒素全体の量とは相関がある（図3―5）。つまり、尿酸が多ければ速効的な窒素も多く、尿酸が少なければ速効的な窒素も少なくなる。さらに鶏糞の場合、尿酸の量は全窒素とも相関がある（図3―6）。つまり尿酸を介して、鶏糞の袋に表示されている全窒素の量から速効的な窒素の量が計算できるのである。計算式は効く窒素（％）＝一・二二×全窒素（袋の％表示）マイナス二・〇五である（図3―7）。

たとえば、袋に表示されている全窒素が二・五％なら、速効的な窒素は一・〇％、三・五％なら二・二％、四・五％なら三・四％となる。

## 窒素の肥効率は鶏糞それぞれに大きな幅がある

堆肥の施用量を決めるには従来、施肥成分量÷（成分割合×肥効率）という計算式が使われてきた。肥効率は実際に肥料が効く割合のことで、鶏糞の場合、窒素は一律「七〇％」が採用されてきた。もちろん、これは研究者が根拠ある数字から導き出したものであるが、鶏糞にもいろいろあり、個々で肥効率も異なっている（図3−8）。たとえば前項で見た通り、全窒素が二・五％なら、肥効率（速効的な窒素の割合）は四〇％、三・五％なら六三％、四・五％なら七六％と、大きな幅がある。

　このように肥効を一律の割合でなく、個別に量でとらえる研究が進んでいる。尿酸とは別の角度

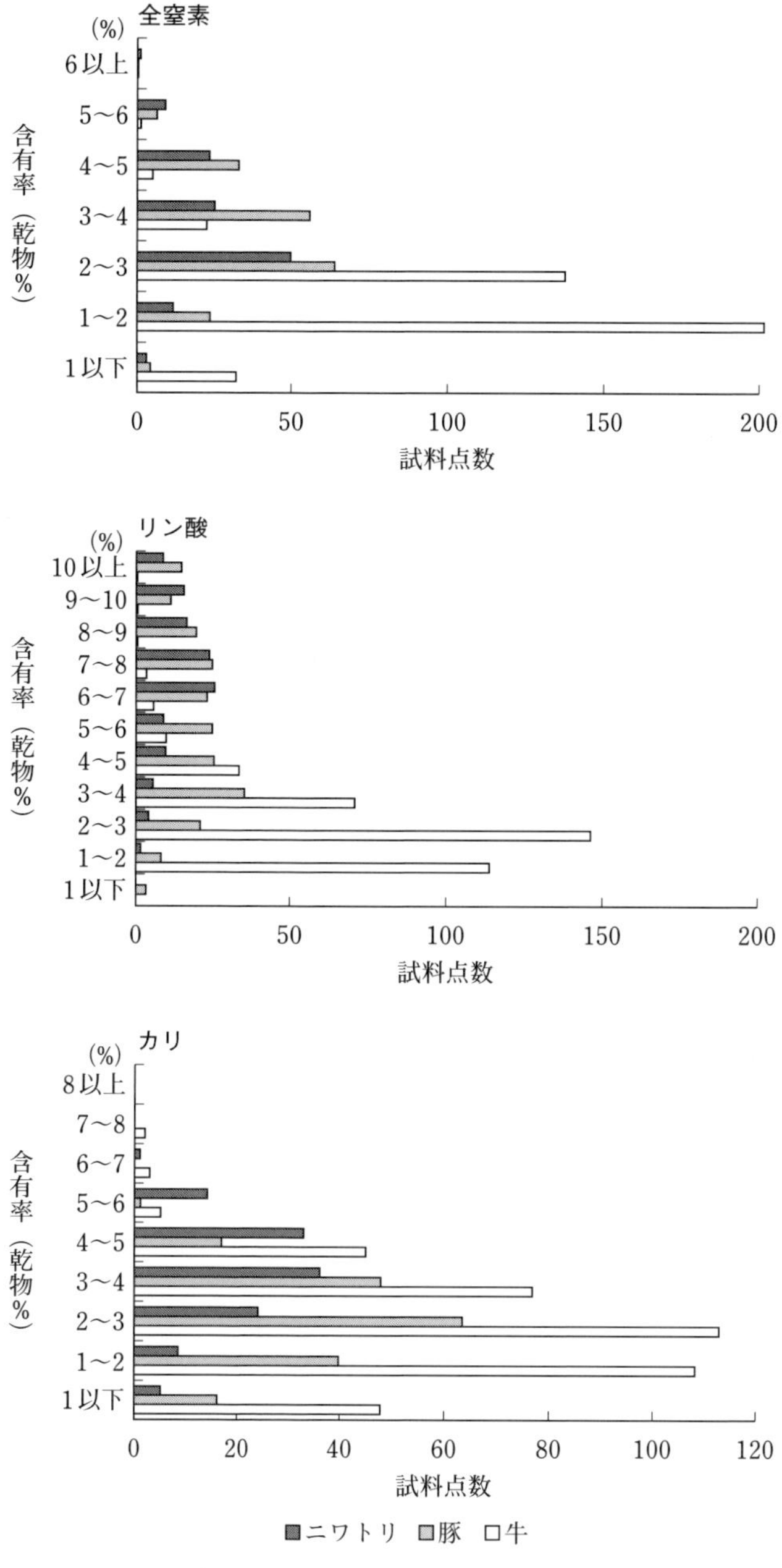


**図3−8　おもな家畜糞堆肥に含まれる肥料成分の階級別分布**

（山口ら、1996より改変）

から迫る評価法として、棚橋寿彦氏（岐阜県農業技術センター）の研究がある。鶏糞の窒素を一カ月以内に効く速効性窒素と、三カ月以内に効く緩効性窒素に分けて計算する。

速効性窒素は全窒素×全窒素マイナス二（kg／t・乾物）、緩効性窒素は二（kg／t・乾物）である。一〇aあたり（百分率）に換算すると、速効性窒素が（全窒素×全窒素マイナス二）÷一〇（%）、緩効性窒素が〇・二（%）となる。この計算式では、袋に表示されている全窒素が二・五%なら、速効的な窒素は〇・四%（肥効率は一六%）、三・五%なら一・〇%（同二九%）、四・五%なら一・八%（同四〇%）となる。尿酸による計算よりも効く窒素の量は少なく、肥効率も低い。

いずれにせよ、窒素の肥効率は鶏糞それぞれに大きな幅があるため、施用量を一律に決めにくいという問題もある。

## バラ流通など、成分表示がない鶏糞の判断目安

袋で流通している鶏糞は、窒素・リン酸・カリの全量%（保証成分）やC／N比が表示されており、それらをもとにして施肥設計できる。しかし、軽トラの荷台に一杯いくらなど、バラで流通する鶏糞は成分も腐熟度もハッキリしない。そこで正確ではないものの、表示によらない判断の目安を紹介する。

まず、窒素の判定は鶏糞に顔を近づけてみる。「目を突く」感じなら全窒素は三%程度、そうでなければ二%以下である。もし尿酸が残っていれば、アンモニアも残っているはずなので、そのニオイを利用した診断である。

また、腐熟度の判定にはコマツナの発芽試験がある。鶏糞一〇gを適当な瓶に入れ、沸騰した水一〇〇mLを注ぎ、アルミホイルでふたをする。それを一時間置いてから、ガーゼを二枚重ねてろ過する。シャーレにろ紙を二枚敷いて、そこにろ液一〇mLを注ぎ、コマツナの種子を二〇粒播く。このとき、比較用に水だけ一〇mL入れたものも用意しておく。シャーレにふたをして、室温で三日ぐらいたってから、コマツナの根の状態を確認する。

根の長さが水だけの八〇%程度であれば、よく発酵している鶏糞なので、窒素は三%以下である。六〇%以下であれば、あまり発酵していない鶏糞

なので、窒素は四%程度である。ただし、六〇%以下であっても、その鶏糞が使えないわけではない。鶏糞の弊害はほとんどが過剰施用によるものである。

## 鶏糞主体の施肥設計を組む

### 鶏糞主体の施肥で連作すると土が硬くなる!?

「それなら鶏糞の全窒素ではなく、実際に効く窒素の量で施用量を決めればいい」と思われるかもしれない。しかし、ここに大きな落とし穴がある。鶏糞の窒素は牛糞や豚糞に比べてよく効く。一度この効き方を知ってしまうと、どうしても繰り返し使いたくなるのが人情である。

卵用鶏の鶏糞主体でブロッコリーを連作している農家がいた。

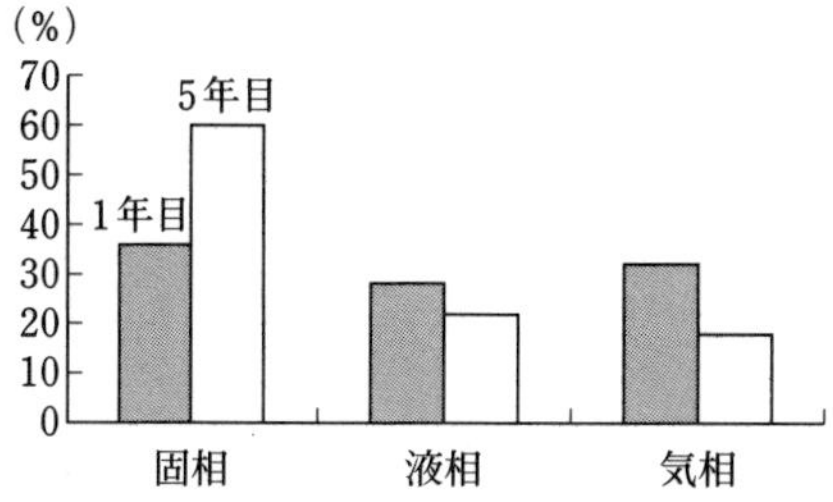


**図3−9　鶏糞主体ブロッコリー農家の土壌の変化**（三重県）

この農家は有機質肥料にこだわり、窒素四%、リン酸三%、カリ二%程度の鶏糞を一〇aあたり四五〇kg施し、不足する養分を化成肥料で補っていた。ところが鶏糞連作四年目の秋、「どうも土が硬くなってきた」という感触があった。そこで、特殊な機材を使って土の固体・液体・気体の比率を調べると、たしかに空気の割合（気相）と水の割合（液相）が減って土の割合（固相）が増えていた（図3−9）。

土壌診断を行なうと土壌pHが七に近い――。つまり「石灰一三%をすっかり忘れていた」のである。鶏糞も有機物だが、牛糞のような繊維質は少ない。「有機物を施しているのだから大丈夫だろう」という安心感による土壌への悪影響、「鶏糞の石灰が土を硬めていた」のである。さらに、アブラナ科野菜では要求量の高い微量要素が重要である。とくにホウ素は土壌のpHが高くなると土壌から出てこなくなり、作物が吸えなくなる。黄色信号状態だ。

これらの問題を解消するには、二年に一度、一〇aあたり一t程度の牛糞を併用すれば土壌に隙間も増えて、緩衝作用も強化されるだろう（カ

### 土の硬さを測る「ものさし」利用法

長さ一五cmか三〇cmの「ものさし」を用意する。鶏糞を連用した土壌に、ものさしを垂直に、静かに押し込む。このとき、ゆっくりと指先を使って押し込み、何の抵抗もなく一五cm突き刺されば、土の硬さはまったく問題ない。

もしも一〇cmで止まれば、土がやや硬くなってきている。五cmで止まれば、かなり物理性が悪くなっているはず。この場合、牛糞一tを施すか、ライムギやソルゴーなどの緑肥作物を植えるとよい。

なお、土壌の石灰過剰は土壌pHを測ることでもわかる。今ではホームセンターや園芸店でも、酸度(pH)を簡単に測れる試験紙や機器が売られているので、それらを使って調べてみよう。

コミ記事参照)。

## 窒素に合わせるとリン酸・石灰が過剰になる

さて、実際の計算例も見ていこう(表3―1)。これは一般に市販されている鶏糞で、窒素、リン酸、カリがそれぞれ三～五%前後だ。有効化する窒素を計算すると、一・二一×三・二マイナス二・〇五＝一・八(%)となる。この鶏糞でハクサイをつくるとしよう。三重県の施肥基準でハクサイは一〇aあたり窒素一八kg、リン酸二四kg、カリ一六kgとなっている。必要な窒素一八kgをすべて鶏糞でまかなおうとする場合は一八÷(一・八÷一〇〇)＝一〇〇〇kg、すなわち一tぐらいの鶏糞が必要である。ちなみに有効化率は一・八÷三・二×一〇〇＝五六%である。

では、一tの鶏糞で供給される他の成分を見る。リン酸、カリの有効化率は、まだまだ未知の世界であるものの、ここではそれぞれ七〇%、一〇〇%としておこう。リン酸は全リン酸が五・〇%だから、効くリン酸は五・〇×〇・七二＝三・六%、鶏糞一tあたり三六kgとなり、施肥基準の二四kgより一二kgオーバーとなる。また、カリは全量が効くとすれば、鶏糞一tあたり三一kgとなって一五kgオーバーとなる。さらに問題は石灰一二%で鶏糞一tあたり一二〇kgとなる。じつに炭カル一五袋分に相当する量である。

リン酸と石灰は土壌に蓄積されやすく、数年後には必ず作物栽培に弊害をもたらす。リン酸過剰は根こぶ病などの土壌病害を助長し、石灰過剰は

表３－１　鶏糞主体の施肥設計によるハクサイ栽培例

| M 養鶏の鶏糞 | 窒素 | リン酸 | カリ | |
|---|---|---|---|---|
| 袋に表示されている成分（%） | 3.2 | 5.0 | 3.2 | …A |
| そのうち実際に利用される割合（%） | 56 | 72 | 98 | …B |
| 実際に効く成分…A × B ÷ 100（%） | 1.8 | 3.6 | 3.1 | …C |

| 窒素成分を基準に合わせた場合 | 窒素 | リン酸 | カリ | |
|---|---|---|---|---|
| 鶏糞 1t の成分…C × 1000（kg/10a） | 18 | 36 | 31 | （石灰 120） |
| ハクサイの施肥基準（kg/10a） | 18 | 24 | 16 | |
| 肥料成分の過不足（kg/10a） | 0 | 12 | 15 | |

| 窒素成分を基準の半分にした場合 | 窒素 | リン酸 | カリ | |
|---|---|---|---|---|
| 鶏糞 500kg の成分…C × 500（kg/10a） | 9 | 18 | 16 | （石灰 60） |
| ハクサイの施肥基準（kg/10a） | 18 | 24 | 16 | |
| 肥料成分の過不足（kg/10a） | －9 | －6 | 0 | |

注　利用される窒素は表示されている全窒素× 1.21 － 2.05 で計算できる。

土壌を硬くして根が伸びなくなったりする。また石灰過剰は土壌pHが高まりすぎて、土壌中の微量要素が溶け出さなくなり（不可給化）、作物に欠乏症状が出る場合もある。

## 窒素の不足分と苦土の必要量は別の資材で補う

鶏糞を一〇aあたり一t施用すると、石灰などが過剰になる。そこで、ぐんと減らして半分の五〇〇kgで考えてみる。

この場合、窒素成分は九kgとなり、残り九kgを化成なら単肥の尿素や硫安で、有機なら油カスなどで補ってやる。たとえば尿素なら四〇kgになる。これはケージ飼いよりも窒素の少ない平飼いの鶏糞に有効な方法である。

リン酸は一八kgとなり、施肥基準よりも六kgほど不足になるが、最近の土壌はリン酸が過剰に蓄積しているので、これくらいでよい。カリも一六kg、石灰も六〇kgとなり、ちょうどよい。

ただし、鶏糞は苦土に乏しいため、必要量全部を単肥で補わなければならない。土壌のpHが高い場合は硫酸苦土（硫マグ）四〇kg、低い場合は水酸化苦土（水マグ）四〇kgである。あるいは苦土石灰六〇kgでもよい。なお安く上げるのなら、鶏糞も苦土も粉状がよい。粒状よりも粉状どうしのほうが、しっかりと混ざる。また、有機なら海水由来のニガリがいいかもしれない（量は水酸化苦土と同じ）。

　このように施肥を鶏糞主体にし、足りないものを他の資材で補えば、低コストなハクサイ生産が可能になる。

　なお、鶏糞を他の肥料と組み合わせて利用する場合は注意が必要である。肥料には種類によって混ぜてはいけない組み合わせがあり、混ぜ合わせることでアンモニアが揮散し肥料成分が失われたり、有毒なガスが発生するなど危険をともなうことがある。表3－2はやや古いが有名な資料であり、忘れがちなことでもあるので、あらためて確認しておくとよい。

**表3－2　肥料の配合適否表**　（前田）

| | 硫安 | 塩安 | 硝安 | 尿素 | 石灰窒素 | 過石 | 熔リン | 苦土過石 | 重焼リン | 硫酸カリ | 塩化カリ | 草木灰 | 魚カス・油カス | 骨粉 | **鶏糞** | 堆きゅう肥 | 緑肥 | 生石灰 | 消石灰 | 炭カル | 硫酸苦土 | 水酸化苦土 | 炭酸苦土 | ケイカル |
|---|---|---|---|---|---|---|---|---|---|---|---|---|---|---|---|---|---|---|---|---|---|---|---|---|
| 硫安 | | ▲ | ▲ | ○ | × | ○ | × | ○ | ○ | ○ | ○ | × | ○ | ○ | ▲ | ▲ | ▲ | × | × | ▲ | ○ | × | × | × |
| 塩安 | ▲ | | ▲ | ▲ | × | ▲ | × | ▲ | ○ | ▲ | ▲ | × | ○ | ○ | ▲ | ▲ | ▲ | × | × | ▲ | ▲ | × | × | × |
| 硝安 | ▲ | ▲ | | ▲ | × | ▲ | × | ▲ | ▲ | ▲ | ▲ | × | × | ▲ | × | × | × | × | × | ▲ | ▲ | × | × | × |
| 尿素 | ○ | ▲ | ▲ | | ▲ | ▲ | ○ | ▲ | ○ | ▲ | ▲ | ▲ | ▲ | ○ | ▲ | ▲ | ▲ | ▲ | ▲ | ▲ | ▲ | ▲ | ▲ | ▲ |
| 石灰窒素 | × | × | × | ▲ | | × | ○ | × | ▲ | ▲ | ▲ | ○ | ○ | ○ | ○ | ▲ | ○ | ○ | ○ | ○ | × | ○ | ○ | ○ |
| 過石 | ○ | ▲ | ▲ | ▲ | × | | ▲ | ○ | ○ | ○ | ▲ | × | ○ | ○ | ○ | ○ | ○ | × | × | ▲ | ○ | × | × | × |
| 熔リン | × | × | × | ○ | ○ | ▲ | | × | ○ | ○ | ○ | ○ | ○ | ○ | ▲ | ▲ | ○ | ▲ | ○ | ○ | ○ | ○ | ○ | ○ |
| 苦土過石 | ○ | ▲ | ▲ | ▲ | × | ○ | × | | ○ | ○ | ▲ | × | ○ | ○ | ○ | ○ | ○ | × | × | ▲ | ○ | × | × | × |
| 重焼リン | ○ | ○ | ▲ | ○ | ▲ | ○ | ○ | ○ | | ○ | ○ | ○ | ○ | ○ | ○ | ○ | ○ | ○ | ○ | ○ | ○ | ○ | ○ | ○ |
| 硫酸カリ | ○ | ▲ | ▲ | ▲ | ▲ | ○ | ○ | ○ | ○ | | ○ | ○ | ○ | ○ | ○ | ○ | ○ | ▲ | ○ | ○ | ○ | ○ | ○ | ○ |
| 塩化カリ | ○ | ▲ | ▲ | ▲ | ▲ | ▲ | ○ | ▲ | ○ | ○ | | ○ | ○ | ○ | ○ | ○ | ○ | ▲ | ▲ | ○ | ○ | ○ | ○ | ○ |
| 草木灰 | × | × | × | ▲ | ○ | × | ○ | × | ○ | ○ | ○ | | ○ | ○ | ▲ | ▲ | ○ | ○ | ○ | ○ | ○ | ○ | ○ | ○ |
| 魚カス・油カス | ○ | ○ | × | ▲ | ○ | ○ | ○ | ○ | ○ | ○ | ○ | ○ | | ○ | ○ | ○ | ○ | ○ | ○ | ○ | ○ | ○ | ○ | ○ |
| 骨粉 | ○ | ○ | ▲ | ○ | ○ | ○ | ○ | ○ | ○ | ○ | ○ | ○ | ○ | | ○ | ○ | ○ | ▲ | ○ | ○ | ○ | ○ | ○ | ○ |
| **鶏糞** | ▲ | ▲ | × | ▲ | ○ | ○ | ▲ | ○ | ○ | ○ | ○ | ▲ | ○ | ○ | | ○ | ○ | × | ▲ | ○ | ○ | ▲ | ▲ | ▲ |
| 堆きゅう肥 | ▲ | ▲ | × | ▲ | ▲ | ○ | ▲ | ○ | ○ | ○ | ○ | ▲ | ○ | ○ | ○ | | ○ | × | × | ▲ | ○ | × | × | × |
| 緑肥 | ▲ | ▲ | × | ▲ | ○ | ○ | ○ | ○ | ○ | ○ | ○ | ○ | ○ | ○ | ○ | ○ | | ○ | ○ | ○ | ○ | ○ | ○ | ○ |
| 生石灰 | × | × | × | ▲ | ○ | × | ▲ | × | ▲ | ▲ | ▲ | ○ | ○ | ▲ | × | × | ○ | | ○ | ○ | ○ | ○ | ○ | ○ |
| 消石灰 | × | × | × | ▲ | ○ | × | ○ | × | ▲ | ○ | ▲ | ○ | ○ | ○ | ▲ | × | ○ | ○ | | ○ | ○ | ○ | ○ | ○ |
| 炭カル | ▲ | ▲ | ▲ | ▲ | ○ | ▲ | ○ | ▲ | ▲ | ○ | ○ | ○ | ○ | ○ | ○ | ▲ | ○ | ○ | ○ | | ○ | ○ | ○ | ○ |
| 硫酸苦土 | ○ | ▲ | ▲ | ▲ | × | ○ | ○ | ○ | ○ | ○ | ○ | ○ | ○ | ○ | ○ | ○ | ○ | ○ | ○ | ○ | | ○ | ○ | ○ |
| 水酸化苦土 | × | × | × | ▲ | ○ | × | ○ | × | ▲ | ○ | ○ | ○ | ○ | ○ | ▲ | × | ○ | ○ | ○ | ○ | ○ | | ○ | ○ |
| 炭酸苦土 | × | × | × | ▲ | ○ | × | ○ | × | ▲ | ○ | ○ | ○ | ○ | ○ | ▲ | × | ○ | ○ | ○ | ○ | ○ | ○ | | ○ |
| ケイカル | × | × | × | ▲ | ○ | × | ○ | × | ▲ | ○ | ○ | ○ | ○ | ○ | ▲ | × | ○ | ○ | ○ | ○ | ○ | ○ | ○ | |

○印：配合してよいもの　▲印：配合したらすぐ用いるもの　×印：配合してはならないもの

## 石灰に富む鶏糞を土壌の酸性改良に使うと……

ところで、せっかくだから大胆に発想を換えてみよう。一般的な発酵鶏糞は有機物の分解が進んだ状態で製品となるため、石灰も濃縮されて一五%くらい含まれている。この石灰をうまく使わない手はない。そこで、鶏糞の石灰分に着目し、土壌改良資材、つまり酸性改良資材として考えてみる（図3―10）。

ある畑にオオムギをつくるとしよう。オオムギ栽培の適正pHは六・五だが、この畑は現在、pH四・七である。これをpH六・五にするために必要な資材量を考える。まず、この畑からナマの土壌を適当に取ってきて、二つのバケツに一kgずつ詰める。一つのバケツには苦土石灰、もう一つには発酵鶏糞を計量して入れ、一週間ぐらいそのまま放置し、pHを測定した。

ここから計算される一〇aあたりの必要量は、苦土石灰が五五〇kgと無難な量であるのに対し、発酵鶏糞は驚くなかれ、二〇〇〇kgとなった。鶏糞を畑に二〇〇〇kg入れると、リン酸が九六kg、

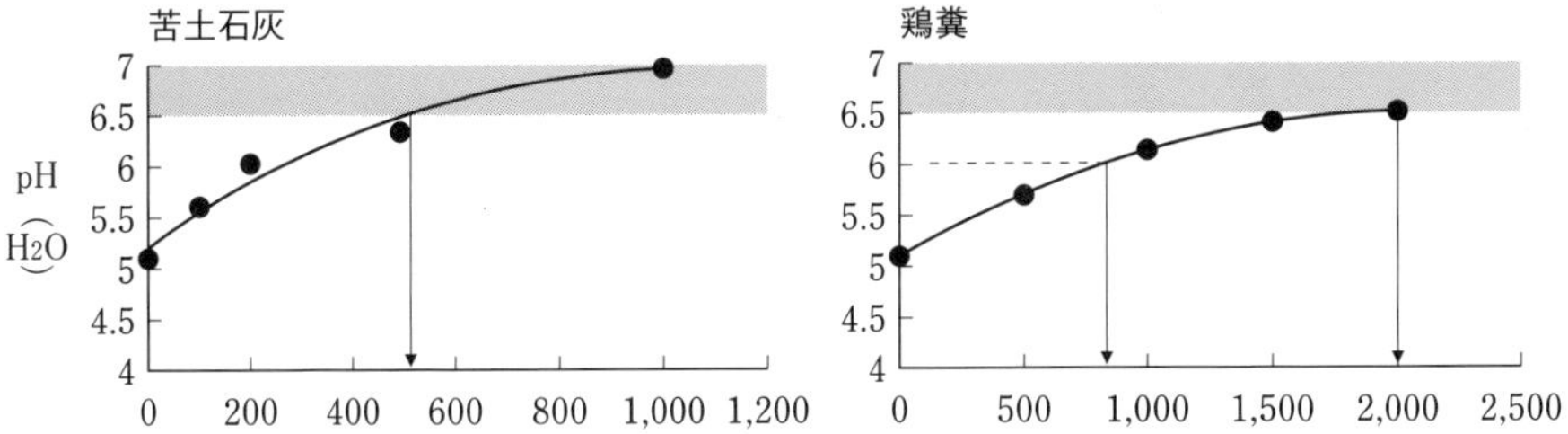


使用鶏糞は水分27.4%、全窒素2.46%、速効性窒素0.95%、リン酸4.78%、カリ3.11%、石灰14.11%。

目標pHとするための鶏糞投入量と肥料成分の投入量（kg/10a）

| 目標pH | 堆肥投入量 | T-N（全窒素） | 速効性窒素 | リン酸 | カリ | 石灰 |
|---|---|---|---|---|---|---|
| 6.5 | 2,000 | 49.2 | 19.0 | 95.6 | 62.2 | 282.2 |
| 6.0 | 800 | 19.7 | 7.6 | 38.2 | 24.9 | 112.9 |

**図3―10　酸性改良資材の施用量とpH矯正効果**

カリが六二kgも入ってしまう。ものすごい量である。これは困った。そこで、pH矯正のポイントを六・〇に下げて計算し直すと、鶏糞の施用量は八〇〇kgとなった。この量でもリン酸三八kg、カリ二五kgとなり、まだまだ多い。

鶏糞を酸性改良資材と見なして利用するのは無理がありそうだ。

## 悪臭・ムダを出さずに散布

### できるだけ空気にさらさない、風に乗せない

鶏糞がクサイ理由はアンモニアが揮散するからである。そして、アンモニアは肥料成分でもある。つまり、畑で鶏糞を撒いているときに「クサイ」と感じたら、肥料成分である窒素をムダにしていることになる。ましてや風に乗って、隣の畑に飛んでいってしまえば、ただで肥料をあげるようなものである。

粉状の鶏糞は撒くときにマスクが欠かせない。しかし実際にはマスクをつけることなく、力任せに袋を振り回し、とにかく土の表面が茶色くなるまで撒く。そうやると、服に着くのはもちろん鼻の穴は見事に真っ黒になり、一部は鼻から体内に入ることがある。

鶏糞は土よりも軽く、比重が〇・四ぐらいだ。したがって、風で飛びやすい。空気中には尿酸を分解する微生物がすんでいて、積極的にアンモニアに変化させようとする。粉状でなく、ペレット状の鶏糞なら風に乗らないが、どこでもペレット鶏糞が手に入るとは限らない。

粉状の鶏糞を撒き散らすのは、肥料のムダになるだけでなく、健康にもよくない。まずは鶏糞を風に乗せないよう、なるべく静かに散布したい。

### 目からウロコ！鶏糞の袋ごと引きずり散布

「鶏糞を撒くのはクサイからイヤだ」という菜園や小さな畑では、袋ごと引きずり散布する方法がある。

『根こぶ病　土壌病害から見直す土づくり』（農文協刊）では、石灰を多量施用することで、根こ

ニオイを肥料に変えるワザ

# 小さな畑なら、袋ごと引きずり施用

せーのっ、バーッ。…ああ、クサイ！つくづくイヤなニオイだねえ

こんにちは、粕谷さん。鶏糞ですね。遠くからでもわかりましたよ

あら、村上先生。どうして、見ただけで鶏糞って、わかったの？

ニオイですよ。ほら、こうやって鶏糞が地面に落ちる前に、ニオイが風に乗っちゃうんです

粕谷かずへさん

撒いてて、クサイのは、そのぶん、もったいないってわけだね。先生、におわない鶏糞の撒き方、教えて

悪臭のもとはアンモニアだから肥料のもと。におわないように撒けば、それだけ肥料の節約にもなります

## ●におわない鶏糞の撒き方

鶏糞の入った袋の端に、鎌で3カ所の穴を等間隔にあける

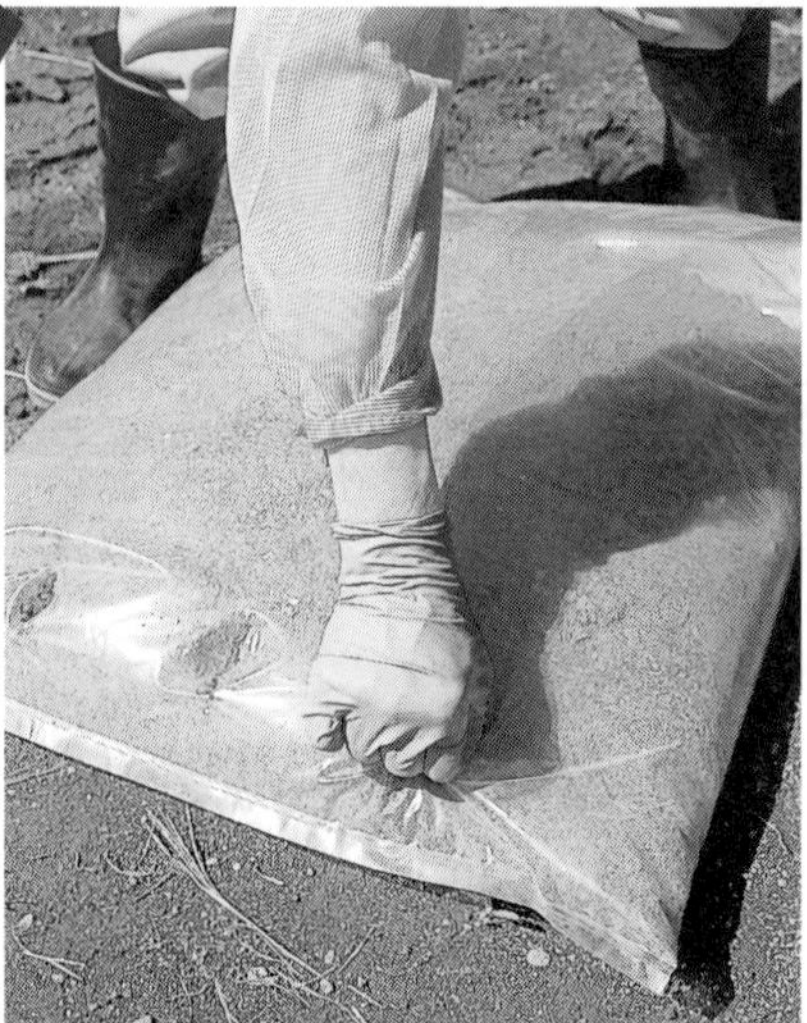

指で穴を広げる。広げすぎると散布中、鶏糞の重みで穴が裂けてしまうので注意

袋のもう片方の端を両手で引き上げ、後ずさりしながら袋を引きずると鶏糞が出る

鶏糞の出るスジが等間隔になるよう、畑を往復すれば、肥ムラにならない

畑の表面をトンボやレーキで軽くならし、鶏糞と土とをなじませる

本当。ぜんぜん、におわなかった。体もラクだねえ

あとは、普通にウネを立てれば OK

ぶ病を抑える技術が紹介されている。石灰を乗用の散布機械などで撒けばラクラクであるが、小さな畑でそうはいかない。石灰を一〇aに五〇袋も撒かなければならないとすれば、当然ながら誰もが嫌になる。そこで、東京農業大学の後藤逸男教授は重い石灰をムラなく、うまく撒く技術として、「引きずり施用法」を考案した（73ページからの「小さな畑なら、袋ごと引きずり施用」参照）。

この方法を鶏糞に応用すると、クサくならないだけでなく、体にかかったり、周囲に散ったりもしない。普通の撒き方よりも、動作がシンプルで、作業も軽くなる。名付けて「鶏糞引きずり散布法」。特許や実用新案は出していないので、自由に使っていただきたい。袋に適当に四つぐらいの穴をあけて引きずるので、それが目安となってウネ立てもラクになる。おすすめである。

図3−11　鶏糞が風に乗りやすいマニュアスプレッダー（上）とブロードキャスター（下：中西原図）

## 機械はスプレッダーでなく、ライムソワーで

大面積での鶏糞散布はマニュアスプレッダーやブロードキャスターが一般的である（図3−11）。しかし、これらの機械は鶏糞の粉が地面に落ちるまでに、空気にさらされる時間が長い。その間に大事な窒素であるアンモニアが風に乗って飛んでしまう。いかにも撒いている感じはするのだが、これではもったいない。

図3－12　鶏糞が風に乗りにくいライムソワー（上）とペレット（下）

鶏糞も石灰と同じで、「撒き散らす」のではなく、ライムソワーなどで「静かに落とす」が基本（図3－12上）。ライムソワーにはさまざまな種類があるが、だいたい普通のトラクタに取り付けられるもので二〇万円ぐらいだ。容量は二〇〇kgまでで、落とす口の開度（ひらき具合）も調整できる。大きな畑ではいっぱいあけて、速く走れば、ムラなく施用できる。専用機械をうまく使うことも大事。

背負いの動噴を使う場合も同様に、撒き散らすのではなく、静かに落とす。ただし、背負いの場合は時にブリッジ（固まりによる目詰まり）を起こすことがあり、背中や腰をうまく使って動噴をゆさぶる必要がある。これが他人からは変なものを背負って踊っているように見えるので、かなり恥ずかしい。

なお、ペレットは粉よりも手で撒きやすく、機械にもかかりやすい（図3－12下）。クサくない上に、散布で空気にさらされる表面積が小さく、地面に落ちる時間も短い。

## 散布後すみやかな土壌混和で窒素の揮散を防ぐ

鶏糞を風に乗せないよう静かに撒いても、そこで安心してはいけない。土壌に撒いた後も風の影響を受け、土ぼこりと一緒に鶏糞の窒素が揮散する。土壌に撒かれた鶏糞は微生物の影響を受けて尿酸がアンモニアに変わり、放っておけば揮散する。そのため、撒いた後はすぐにトラクタもしくはクワで土壌と混和する。そうすれば、たとえ尿酸が分解しても、アンモニアは土壌にくっつく性質があるので、窒素がどこかにいってしまう可能性は低くなる。

アンモニアはアンモニウムイオンとしていろいろ

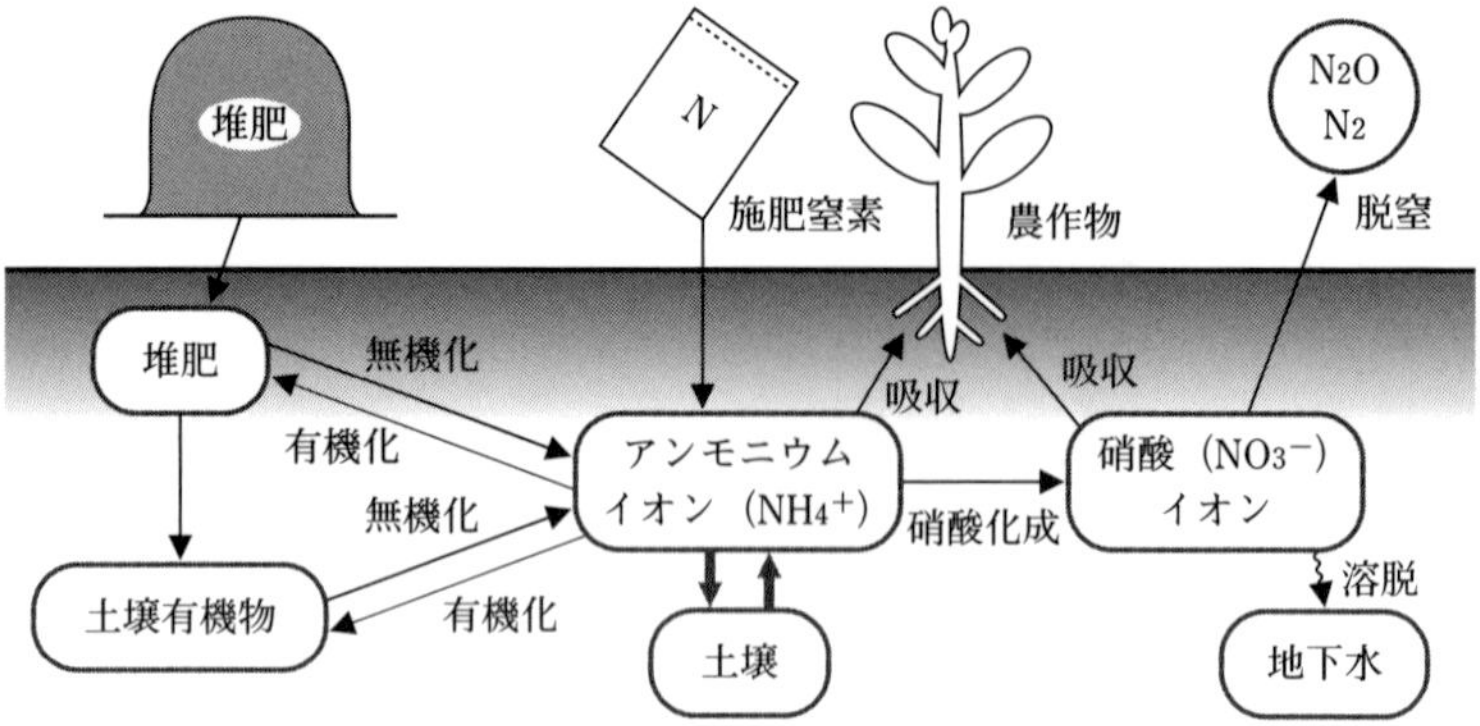


図3－13　堆肥に含まれる窒素の土壌中での動き

な酸と結びついている（図3―13）。化成肥料では硫酸が結びついた硫安、塩酸が塩安、硝酸が硝安、リン酸がリン安などである。アンモニアは、この酸の種類によって土壌コロイドに吸着される強さが異なる。強酸と結びついたアンモニアの吸着は弱く、弱酸で強い。たとえば石灰窒素は、炭酸や重炭酸といった弱酸とアンモニアが結合しているので、アンモニアが土壌コロイドによく吸着される。しかし、鶏糞のアンモニアは硫安のような強酸と結合したものは、あまり長く留まってくれない。

鶏糞のアンモニアが土壌中に留まる時間は七日間くらいで、その後は地下に流れてしまう。その間に土壌中の微生物が硝酸に変え、作物に吸収されるのである。

## 作物別　使い方のポイント

### 水稲は元肥が移植七日前、穂肥は化成の二日前

鶏糞は八週以降に出てくる窒素がほとんどない

**表３－３　鶏糞の作物別施用量の例**　　単位：t/10a（営農用）、kg /m²（菜園用）

| 作目・区分 ＼ 特徴 | | ナマ鶏糞 | 乾燥鶏糞 | 鶏糞堆肥 | 木質混合 |
|---|---|---|---|---|---|
| | | 鶏舎から出たままの糞 | 窒素成分の高い発酵鶏糞を含む | 窒素成分が低い発酵鶏糞 | オガクズなどを含む堆積発酵物 |
| 水稲 | 乾田 | − | − | 0.3 〜 0.5 | 0.5 〜 1 |
| 普通作 | 畑 | 0.5 〜 1 | 0.3 〜 0.5 | 0.5 〜 1 | 1 〜 2 |
| 野菜 | 露地 | 1 〜 1.5 | 0.3 〜 0.5 | 0.5 〜 1 | 1 〜 2 |
| | 施設 | − | − | 1 〜 1.5 | 2 〜 4.5 |
| 花き | 露地 | 1 〜 2 | 0.5 〜 1 | 1 〜 1.5 | 2 〜 3.5 |
| | 施設 | − | − | 1 〜 2 | 3 〜 4 |
| 観賞樹 | 畑 | 2 〜 3 | 0.5 〜 1 | 1 〜 1.5 | 2 〜 3.5 |
| 果樹 | 常緑 | 1 〜 2 | 0.5 〜 1 | 1 〜 1.5 | 2 〜 3 |
| | 落葉 | 1 〜 2 | 0.5 〜 1 | 1 〜 1.5 | 2 〜 3 |
| 飼料作 | 畑 | 2 〜 4 | 1 〜 1.5 | 1 〜 2 | 3 〜 4 |
| 茶 | | − | 0.5 | 0.5 〜 1 | 1 〜 2 |
| 桑 | | 1.5 〜 3 | 0.5 〜 1 | 1 〜 2 | 2 〜 3 |

注　あくまでも目安なので、地域などの条件に応じて増減させること。

**表３－４　水稲栽培における鶏糞ペレット肥料の使用時の収量構成要素**（三重県）

| 施肥形態 | 稈長 (cm) | 精玄米重 (kg/10a) | 穂数 (本) | 千粒重 (× 100) |
|---|---|---|---|---|
| 元肥多・追肥 2 | 5.09 | 552 | 384 | 23.8 |
| 元肥多・追肥 1 | 4.87 | 518 | 342 | 24.0 |
| 元肥少・追肥 2 | 4.77 | 532 | 333 | 24.5 |
| 元肥少・追肥 1 | 4.91 | 552 | 344 | 23.9 |
| 対照有機 | 4.91 | 579 | 341 | 24.0 |

注　施肥形態では、元肥の多い（150kg）、少ない（100kg）、追肥の回数を示す。

ので、水稲は追肥からの減肥を行なわない（表3−4）。尿酸を含む窒素が八週の間に発現するので、肥効率算出時に示した窒素量を元肥から減肥する。元肥を撒く日は水稲移植前の七日前後がよい（図3−14）。一カ月も前に撒いてしまうと窒素が揮散してしまうので、窒素不足を招く。また、水を入れてからの窒素の減少は、それまでの畑状態の期間と関連がある（図3−15）。

粉状品よりもペレットのほうが肥効の低下を招かない。リン酸、カリ、石灰含量も高いので、それらの分析値と土壌診断の結果を合わせて、施用量を決める。相対的に苦土が少なくなる可能性があるので、連用する場合は注意する。

穂肥に利用する場

合は、尿酸の分解を考慮して、化成肥料よりも二日前に撒くと、いい具合に窒素が発現してくる。秋施用の場合は一〇aあたり一t程度撒いておく。窒素はほとんどなくなっているので、リン酸、カリの補給とする。移植前に単肥で窒素のみ補う方法もある。

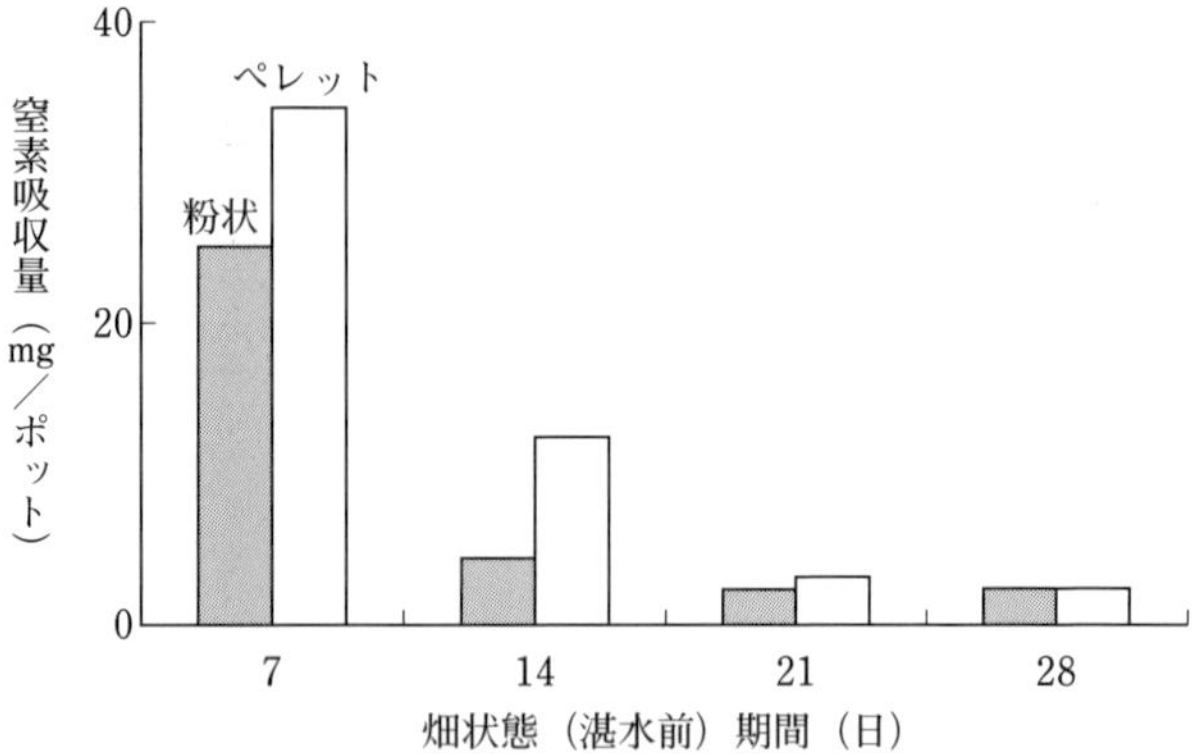


**図3−14　施用から湛水までの期間の違いによる水稲の窒素吸収量への影響**（竹内原図）

1/5,000aワグネルポットを用い、150kg/10a相当量供試堆肥を施用した。

土壌水分を最大容水量の40％に調整して7、14、21、28日と期間を変えて15℃で静置した後、水稲苗を移植し28日間20℃で栽培した。

## 果菜類は株から離して施用、葉菜類は全面施用

【果菜類】キュウリやナス・ウリ・カボチャ・ピーマンなどは植えた後、株と株の中間や、株から離れたところに鶏糞を埋め込む（図3―16）。広さが

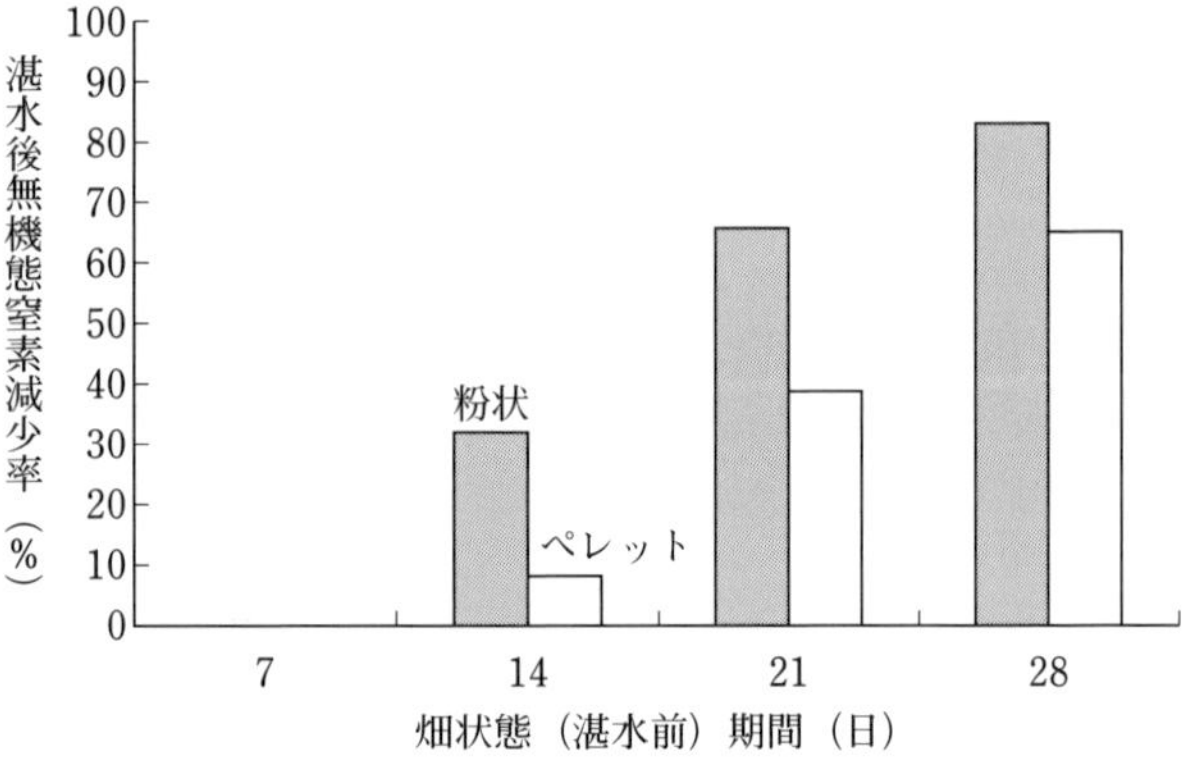


**図3−15　湛水後に減少する堆肥由来の無機態窒素の割合**（竹内原図）

湛水後無機態窒素減少率（％）＝

$$100-\left[\frac{\text{湛水28日後の堆肥由来の無機態窒素量}}{\text{湛水前に生成された堆肥由来の無機態窒素量}}\times 100\right]$$

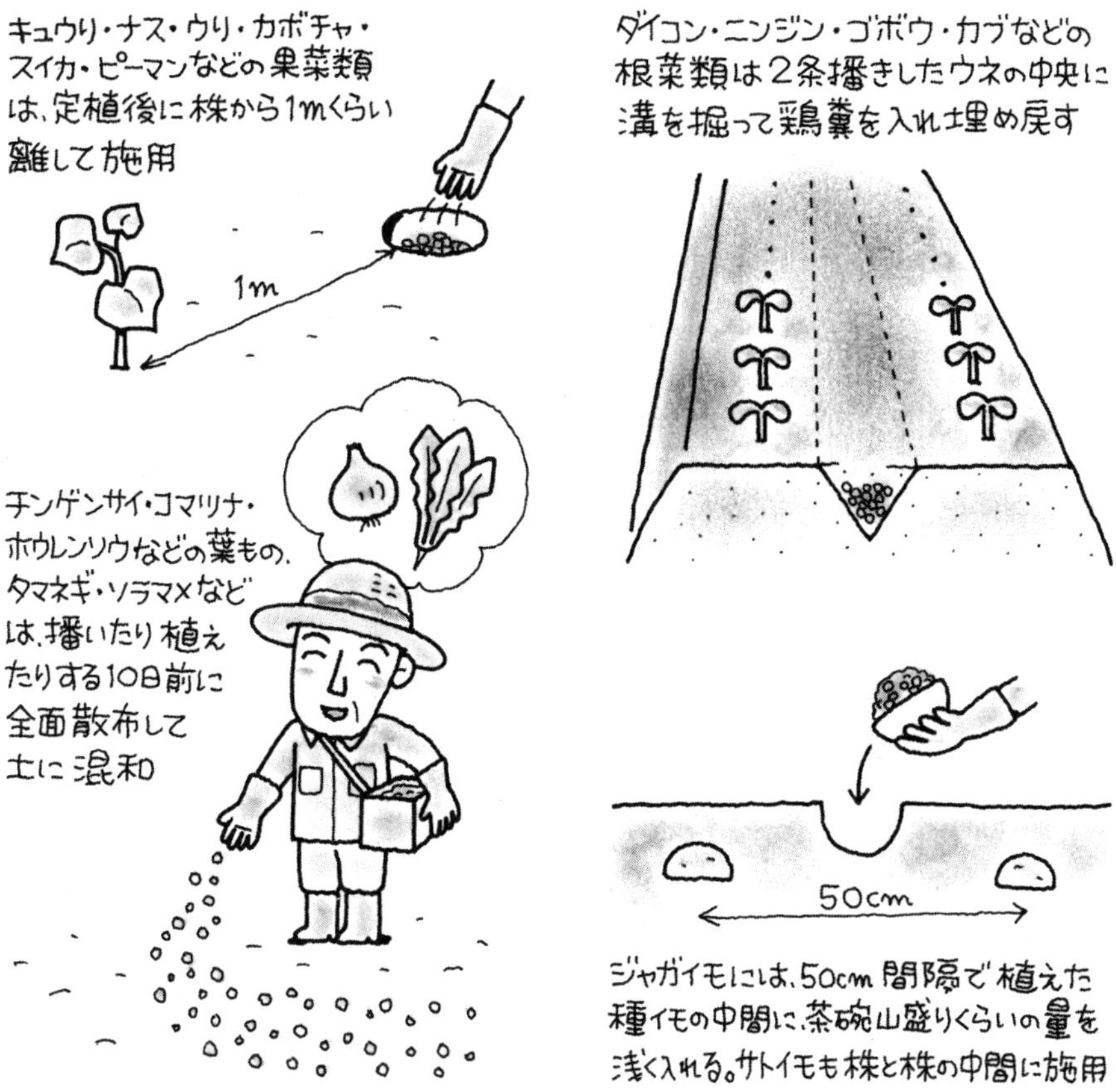
キュウリ・ナス・ウリ・カボチャ・スイカ・ピーマンなどの果菜類は、定植後に株から1mくらい離して施用
1m
ダイコン・ニンジン・ゴボウ・カブなどの根菜類は2条播きしたウネの中央に溝を掘って鶏糞を入れ埋め戻す
チンゲンサイ・コマツナ・ホウレンソウなどの葉もの、タマネギ・ソラマメなどは、播いたり植えたりする10日前に全面散布して土に混和
50cm
ジャガイモには、50cm間隔で植えた種イモの中間に、茶碗山盛りくらいの量を浅く入れる。サトイモも株と株の中間に施用

**図3－16　畑での鶏糞の使い方例**（岡山県岡山市・赤木歳通氏）

許せば苗から一mは離して埋めたい。植え付けた後で割り振りを変更する場合にも、かなり融通がきく。後からゆっくり作業ができるメリットもある。ただし施肥時期は、植え付け後、数日以内にする必要がある。根は思っている以上に早く伸びる。キュウリなどは鶏糞のあるところに根が伸びてくるのだが、根のあるところに鶏糞をやると、障害が出てしまう。

**【葉菜類】** 葉ものは播種することが多い。播種の七日前に全面施用・土壌混和しておく。コマツナやチンゲンサイ、ホウレンソウなどは比較的込んだ状態で播いたり、植えたりするので効果的だ。タマネギも同じく全面に撒く。ただし、あまり大量に撒くと病気になりやすく、緩んだタマネギになるし、夏を過ぎると腐りやすい。ソラマメはあまり込んで播かないが、やはり全面に撒く。そのほうが手間がかからない。ソラマメは肥料も多く求めてくるので、ある程度多く撒いておく。ホウレンソウは窒素四％程度の乾燥鶏糞であれば一〇aあたり三〇〇kg程度でよい。ただし、あまり毎年使っていると土が硬くなってしまうので、注意が必要だ。

## 根菜類は条間に持ち肥、イモ類は株間にドサッ

【根菜類】　ダイコン・ニンジン・ゴボウ・カブなど直下に根を伸ばすものは、根から離れたところに持ち肥で隠して使う。こうした野菜は二条撒きがよい。ウネの中央に溝を掘り、鶏糞を入れて埋め戻し、平らにしたウネの両肩に種を播く。そうすれば、根が伸びる直下に鶏糞がないので、素直な根がまっすぐ伸びる。たとえば、ダイコンが肥料の影響で二股になったり、極端に曲がることもない。あの太い白い部分から横に細い根が伸び、鶏糞肥料倉庫から、ほしいだけの栄養を吸う。前作を片づけたら、すぐにダイコンを播いたりする忙しい人にとって、持ち肥はよい方法といえる。

【イモ類】　ジャガイモは、五〇cm間隔で植えた種イモの中間に、茶碗山盛りぐらいを浅く入れる。その鶏糞の肥料成分によって異なるが、だいたい窒素二％程度のものであれば、これぐらいが目安になる。収穫のころには、このドカッと入れた鶏糞の固まりの中にも周囲にも、網を張ったようにイモの根が絡み付いている。ただし、化成肥料よりも生育がゆっくりになるので、春ジャガを水田につくり、五月中に田植えがあるような地域では鶏糞が使えない。秋ジャガなら問題ない。同じく株と株の中間に鶏糞を入れることができるものにサトイモがある。種イモの元に大量に入れ込むと、根が肥焼けして濃度障害を受け、地上部がいじける。したがって、植え付けた中間にドッサリ埋めておく。さらに、追肥でも株元に撒いてから土寄せすると効果的である。

## 果樹類では遅効きの心配無用、石灰の補給にも

果樹は、窒素成分が必要以上に供給されると、果実の色つきや糖度に悪影響が出るので、肥料成分に富む鶏糞はあまり好まれない。事実、ミカンやブドウといった果樹にはあまり鶏糞を使わない。とくにミカンには御法度が慣例である。しかし、そんな中でもうまく鶏糞を利用する方法はあ

るはずだ。

たとえば、発酵鶏糞で窒素、リン酸、カリが二、四、三%程度のものであれば、温州ミカン一樹あたり一五kgを撒く。なかなか起こすことはできないので、鶏糞はそのままになる。樹園地では石灰が少ない傾向にあるので、このような方法であれば、遅効きがない鶏糞はかなり有効に使える。

昔から「鶏糞は遅効きして、必要でない時期に窒素が効いてくる」というイメージがあった。しかし、鶏糞の遅効きの部分は施用一t中にわずかに二kg程度なので、まったく問題ない。鶏糞は三月の春肥に使うのがよさそうである。

## 茶ではナマ鶏糞でウネ間の刈り落としを堆肥化

茶はもともと酸性を好み、土壌のpHは五程度と、普通の野菜などとは考え方が異なる。もともと茶栽培農家は鶏糞を使いたがらない。理由は石灰が入っているからだ。茶園の場合、どうしてもスポット施肥、ウネ間への鶏糞施用になるため、量が多ければ石灰、リン酸過剰になってしまう。

しかし、上手に使う方法もある。かなり強引であるが、「ナマ鶏糞」を使う。ナマ鶏糞は乾燥も発酵もしていないため、未熟そのものである。その未熟を逆手にとる。ウネ間には茶刈りで落ちた茶葉などが堆積している。その深さは二〇cmに達することもある。その部分の有機物をナマ鶏糞を使って、その場で堆肥化する方法だ。ナマ鶏糞には尿酸がしっかり残っていて、茶樹に必要な窒素がたっぷり入っている。石灰やリン酸が濃縮していない。

このような使い方が不安であれば、より窒素の高い乾燥鶏糞を使用する。しっかり計算すれば、ムダのない施肥で、茶樹への悪影響も少なくなる。

# 第4章

# 養鶏家のための売れる鶏糞のつくり方

# 養鶏業の足を引っ張る鶏糞

## 唯一値上がりしなかった鶏糞の恒常的ダブツキ

金融危機など世界中であまり景気がよくない。こんな中で「鶏糞」はなかなか付加価値がつかない。鶏糞は古くから農業生産での貴重な有機質資源として利用されて、他の廃棄物に比べてはるかに資源化率が高い。

このリサイクルの優等生である鶏糞も地域によっては、発生量の増大と相反して利用量が減少し、地域での循環が維持できなくなってきている。こうした状況を受けて、農林水産省は家畜糞尿の適正な処理と農耕地への還元利用を促進するための法律をつくった。いわゆる環境三法だ。こうした法整備により鶏糞の農地還元方針が示された。

しかし、畜産経営の規模拡大は局所的な糞尿の偏在化を生じさせ、地域内での供給過剰が生じている。さらに、耕種農家でも経営規模の拡大による従事者の減少と高齢化、機械化が進んだことから堆肥の施用量が年々減少している。この畜産・耕種両者の経営環境の変化が鶏糞の恒常的なダブツキを引き起こしている。

## 高水分、冬期の低温で堆肥化が順調に進まない

鶏糞に限らず家畜糞尿は高水分だ。排せつ直後の糞はどんな畜種も水分が八〇%程度ある。堆肥化の第一の目的、取り扱いをよくするためには水分抜きが大切だ。堆肥化で水分をしっかり飛ばすためには、じっくり温度を上げていくより方法はない。

密閉型による堆肥化は強制的に空気を送るが、それでも冬場の能力が落ちる。ましてや開放型や、堆積式であれば当然、冬場の温度は下がり、うまく堆肥化が進まない。冬期は意外に外気温が低くなるため、どんなうまい堆肥化を行なっても冷めてしまう。実際、密閉型でも寒冷地仕様のヒータを回すほどである。

うまく発酵が進まなければ、どうしても経営内でダブツキを起こす。ニワトリは毎日糞をする。

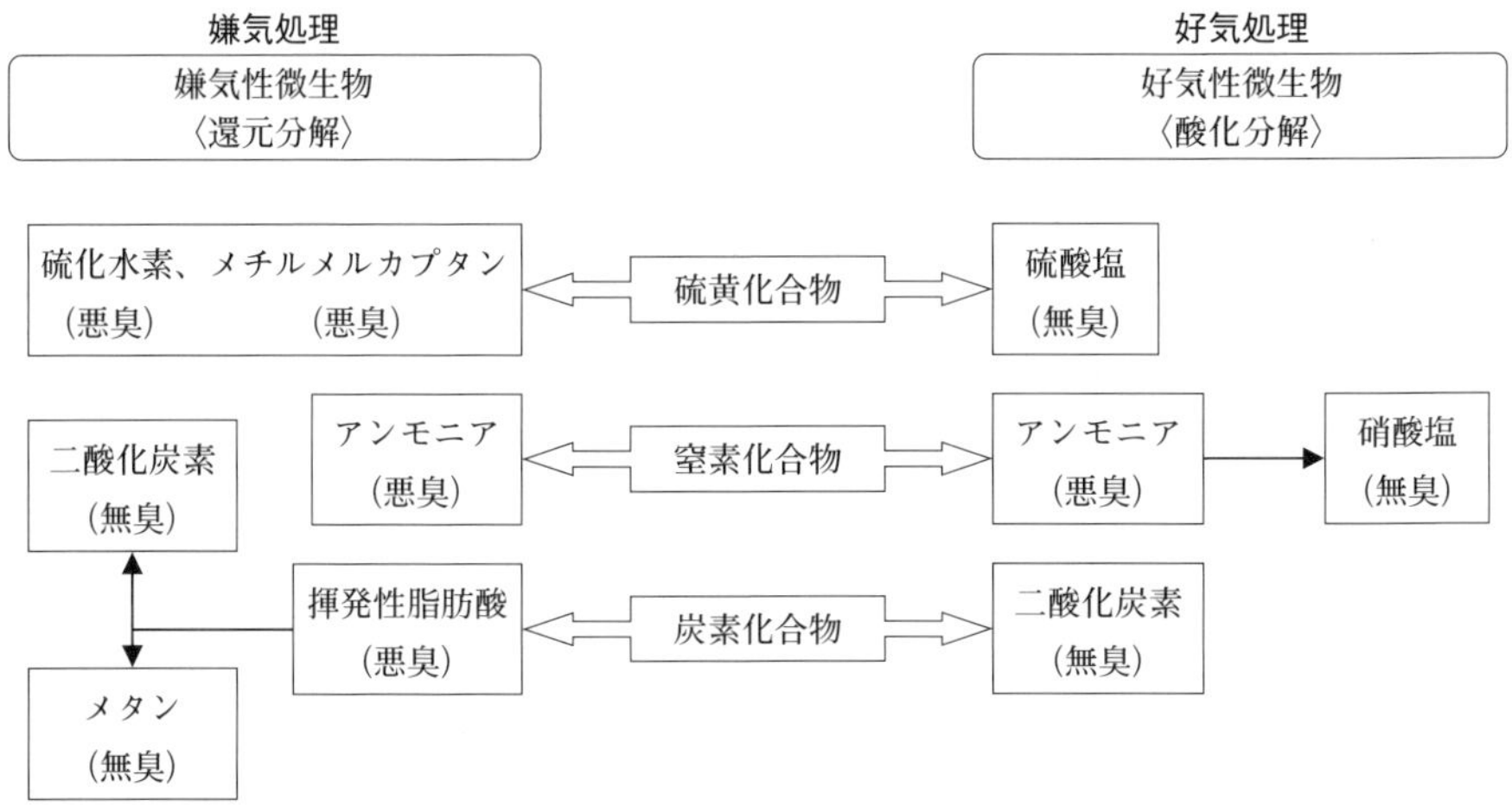


**図4−1　糞の好気処理と嫌気処理による生成物の違い**　（羽賀原図）

その糞を放っておくために、低床式や高床式の鶏舎がつくられたのかもしれない……と思うほど。ウインドレスなら、なおさら糞を滞留させておくことができない。

## 堆肥化にともなう臭気に対する近隣からの苦情

鶏糞をうまく処理するためには、やはり水分を何とかしなくてはならない。水分をなくすため、堆肥化では微生物の反応によって熱を発生させる。その熱で水分を揮散させるのだが、微生物が反応すれば当然、尿酸の分解も進み、クサイ物質アンモニアが発生する。

密閉型による処理でさえ、少々のニオイが出るのだから、開放型ではかなりのニオイが出る。ニオイは近くではあまり感じず、一～二km先のところでけっこう臭うという性質もある。最近は畜産農家の近くに団地（住宅）もできて、毎日のように「クサイ！」などと電話がかかってくることも少なくない。

堆肥化しても、堆肥化しなくてもニオイが出る（図4−1）。「どっちにしろ怒られるなら、何もしないほうがいいや」と思う畜産農家がいても仕方ない。せっかく鶏糞は肥料としての価値が昔から認められているのに、これでは悪循環である。

　養鶏家にとって鶏糞はまったくお荷物である。「いっそ、糞の出ないニワトリをつくってくれればいいのに」なんて考えている人もいるだろう。

### 養鶏家を悩ませる、鶏糞の処理経費増大と販路

「地元の水田や畑に撒けばいいじゃないか」という意見がある。しかし、たとえばM県S市には二七戸、一四五万羽のニワトリがいる。一市だけでも、けっこうな量の鶏糞が出る。これでは水田も畑も養鶏家の取り合いになってしまう。いや、そんなところでケンカしている場合ではない。

　毎日卵を運んだり、エサをやったりで大変なのに、鶏糞も毎日出てくる。家庭用の生ごみ処理機のように数万円＋電気代で済むというわけにもいかない。処理は堆肥化の機械に、堆肥場に運ぶためのトラックに、苦情対策の脱臭装置に……。いろいろと経費がかさばる。さらに、もしも機械が故障すれば「糞詰まり」になってしまうので、施設も二倍にしておかないと……。お金がいくらあっても足りない。

　そうやって一生懸命つくった鶏糞も「しょせん、ウンコだろう」と、kgあたり一〇円（化成肥料の一〇分の一以下）にも満たない価格で叩かれる。販路も自由にならない。本当にこのまま養鶏業を続けられるのか……。誰もがそう思ってしまう。

## 利用者が求める鶏糞とは？

### 製品の成分安定が利用上、不可欠の条件だが……

耕種農家にとって、成分が安定しない資材は利用できない。成分の安定は資材利用上、不可欠の条件である。

　鶏糞の場合、ニワトリが排せつする「ナマ糞」の成分は意外と安定している。しかし前述の通り、飼い方や堆肥化によって成分は変わってくる。低床式・高床式鶏舎の糞を開放型堆肥化施設で処理

する通常の発酵鶏糞は、処理中に成分が変わっていくため、製品の成分安定化がなかなか難しい。

そもそも成分が安定する堆肥は、①副資材が混合されておらず、発酵期間の短い堆肥、②大きな施設でつくられる発酵期間の長い堆肥である。

①は密閉型で生産される堆肥で、畜舎での滞留時間にもよるが、排出された糞中の成分をほぼ維持しながら生産されるため、一定の成分が確保できる。

②は堆肥センターで生産される堆肥である。変動成分である窒素を可能な限り飛ばしてしまう。多くの畜産農家から原料を受け入れるので適度に混合され、個別のバラツキが小さくなる。このような堆肥は土壌改良資材として考えるとよい。

## 耕種農家が求める「完熟」、鶏糞では無理がある

「完熟した堆肥がよい堆肥」と考えている耕種農家は少なくない。完熟堆肥を土に入れると「土壌中の腐植が増える」「土壌微生物が豊かになる」からである。そのほか「科学的にも究明されていない、さまざまな未知の効果も期待できる」というのもある。一般にいわれる完熟は、ニオイや外観だけで判断されているのではないか。

鶏糞の場合、必ずしも完熟がいいとは限らない。土づくり堆肥として鶏糞を使う場合、どうしても「tレベルの施用量を撒かなければ効果が出ない」と思い込み、一生懸命に撒く。

急速に乾燥させた鶏糞、逆に時間をかけてゆっくりと堆肥化させた鶏糞はニオイが少ない。「ニオイが少ない堆肥は完熟している」という思い込みはとんでもない間違いだ。乾燥鶏糞は窒素量が高く、発酵鶏糞はリン酸や石灰含有量が高い。これらの施用量が多すぎる場合、作物に何らかの悪影響が出て当然だ。

扱うもの（堆肥）の性質をよく理解しないで、慣例にしたがい「よかれ」と思うその気持ちこそ、「完熟信仰」といえる。

## まず「見た目」が受け入れられなければならない

鶏糞にも売れる鶏糞や売れない鶏糞がある。ここで、売れない堆肥の典型的なパターンについて紹介しておく。よくある一コマかもしれない。

①そうだなぁ、うちは代々養鶏屋だから、堆肥はつくらないといけないなあ。
②最近は普通の堆肥じゃ売れないらしい。付加価値をつけなきゃいけないようだ。ちょっと変わった堆肥をつくろう。
③堆肥ができたから、パッケージやカタログを考えようかなぁ。どんなデザインにしようかなぁ。
④うーん、コピーやキャッチフレーズはどうしよう。

堆肥を①→②→③→④の順でつくり、販売している畜産農家は少なくない。しかし、この順序だと、結局ポイントのない＝売れない堆肥になってしまう。なぜか？　耕種農家が求める順序とまったく逆だからである。

耕種農家はまず、③と④で堆肥を買いにいくかどうかの意思決定をする。③と④が魅力的でなければ、耕種農家は永遠に堆肥を持っていってはくれない。しかし、畜産農家は①と②にばかり力を入れ、③と④が適当になる。だから売れないのである。

## 利用者の興味を引く、短くてわかりやすい言葉で

売れて、もうかる堆肥のポイントとは、キャッチフレーズであり、コンセプトであり、商品名であり、商品の総称でもある。要するに、その商品を端的に言葉で表現したもの、それが重要である。まず、名刺代わりの言葉を堆肥に命名すること。

たとえば、それを言っただけで耕種農家が「堆肥に飛びつく」「いろいろと想像をめぐらせる」、短いけれども「堆肥の特性が凝縮されている」「ほかの堆肥との違いが明確にわかる」「ストーリー性を持つ」「クチコミに乗れる」といったところである。具体的に売れている堆肥「*Suzuka* 有機」にあてはめてみよう（図4−2）。

誰もが知っているエフ・ワンにちなんでいるため、この言葉だけで興味を示す。「鈴鹿＝エフ・ワンの町＝速い。速い町にいる畜産農家がつくっている堆肥はよさそう。速く効きそう」。速く効くという機能をそのまま表わしている。競合する堆肥のズバリを表わした言葉なので、堆肥がほとんどない状況なので、ほかの堆肥との違い（アイ

デンティティ）も明確に表現している。

短くてわかりやすいのでクチコミに乗せるのに非常に適している。畜産農家「これが*Suzuka*有機です」→JA「これが*Suzuka*有機です」→耕種農家「これが*Suzuka*有機か」。ゲームのように堆肥のことが伝わっていく。もし「これは○○……で××……。そして△△……で、さらに◇◇……な堆肥」などと、説明に三〇秒以上も費やしたらどうか。おそらく流通の出口に近くなるほど伝言ゲームが崩れる。耕種農家にはまったく説明されない事態も起こりかねない。

いい堆肥が売れるのでなく、売れて、もうかるものがいい堆肥である。

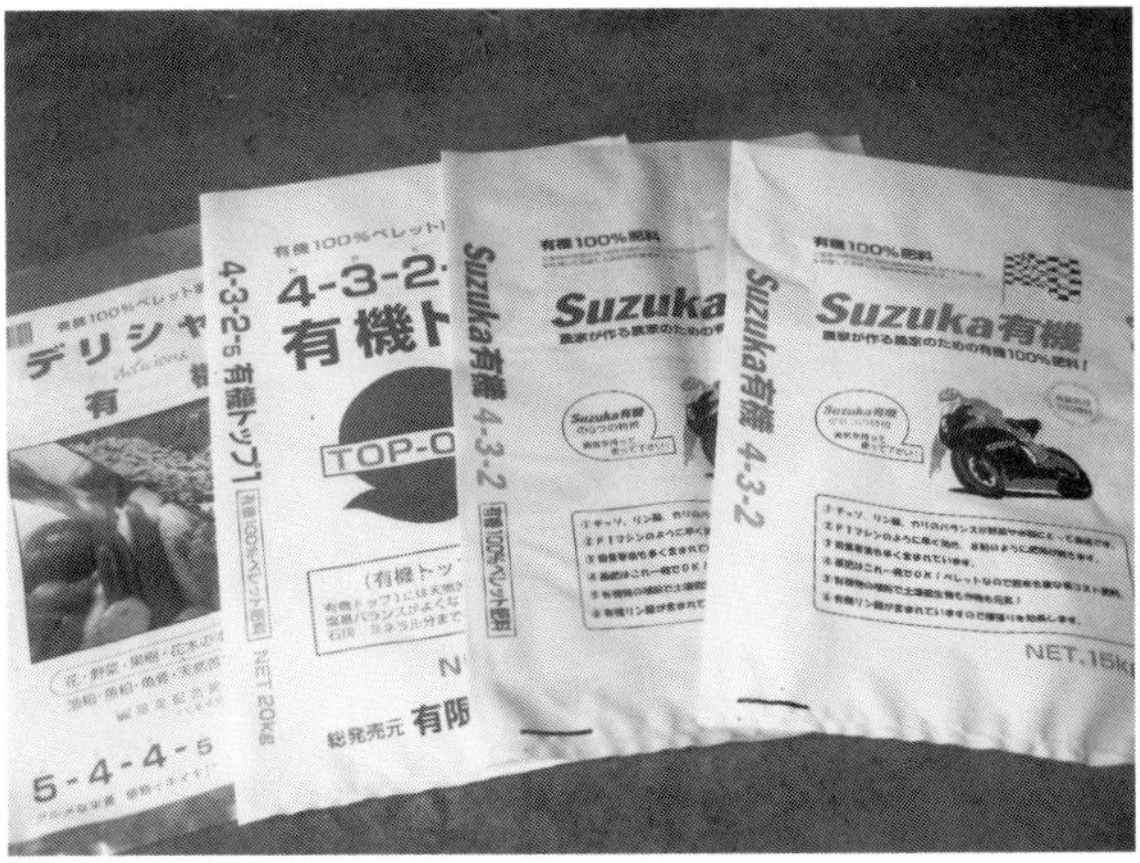


図4－2　「*Suzuka*有機」シリーズの肥料袋（鈴鹿ポートリー）

## ペレットでもっと売れる

### ハンドリングの改善で鶏糞の広域流通が可能に

耕種農家が考える、最終的に必要な条件に散布性や移送性（ハンドリング）の改善が上げられる。従来の堆肥は水分が高くかさばり、その性状も不均一である。圃場への機械散布にはマニュアスプレッダーなどの専用の機械を必要とし、地域外への堆肥運搬も輸送コストの面で制約を余儀なくされてきた。このことが耕種農家の堆肥利用を妨げる最大の要因であった。

この問題を解決するための技術にペレット化が

ある。堆肥を直径三～一〇mmのペレット状に加工する技術で堆肥のハンドリングが大きく改善できる。その改善効果の一点目は圧縮成型による製品容量の減少、品質劣化防止のための乾燥処理による製品重量の減少、このことによる乾物重量あたりの輸送コストの軽減で広域流通適性が著しく向上することである。二点目は耕種農家の保有する各種の肥料散布機械が利用可能になることである。

こうしたハンドリングの改善により、これまでの畜産農家による散布サービスをともなった、耕種農家との相対取引を基本とする地域内での堆肥販売から、地域外へも流通する堆肥の販売が可能になった。このことは糞尿偏在化の解消を図る上でも非常に意義がある。

## コストを抑えるには、原料の水分低下が不可欠

ペレット化技術の畜産農家への導入は、導入コストを含めた製造コストの問題がある。製品一kgあたりの製造コストは、成型機の種類、成型機および周辺機器に対する初期投資、処理規模により大きく異なるが、三〇〇〇頭未満までの養豚農家を対象にした試算では二〇～三〇円であった。条件の異なる試算では一〇円未満の報告もあるが、いずれの試算でも製品一tあたりの製造コストは一万円以上となる。

ペレット堆肥の製造は原料堆肥の水分が成型機の処理能力および成型後の乾燥時間に大きく影響する。製造コストを抑えるには、原料堆肥の水分を成型機の種類に応じた最適水分条件になるよう、前調整することが重要となる。エクストルーダー方式では三〇～四〇%、ディスクペレッター方式では二〇～三〇%に調整する（111ページ参照）。

通常の堆積発酵式で製造された堆肥は水分が高いため、ハウス乾燥などの施設が別途必要になるが、密閉で製造される堆肥は堆肥化段階で水分を調整できる。また、原料堆肥の水分調整は、ADR水分計が迅速かつ正確に測定でき、コスト低減の有効な手段となると考えられる。

## 濃度障害が出にくく、製造時の摩擦熱で殺菌も

ペレットは土壌に施した後に障害などが出にく

いという利点もある。もちろん、ペレットでも三～四ｔと大量に撒けば弊害はあるが、通常量であれば間違いなく弊害はない。たとえば、発酵が不十分である乾燥鶏糞は粉状物だと肥あたりなどの弊害を招く恐れもあるが、ペレットであれば回避できる。根との接触面積が小さいからだ。

また、押し出し成型であれば、ペレット製造時にかなりの摩擦熱が生じるため、悪い細菌などは殺菌される。ペレットで殺菌までやってくれるのはうれしい。実際にペレット製造時の温度を測ってみると六〇～七〇℃ぐらいにはなっているため、圧縮されたときは、もっと高温の一〇〇℃以上になっているだろう。

いずれにしても、製品ペレットは製造コストが高いため、負荷量の高い地域を除いては付加価値の高い有機質肥料としての販売を志向すべきである。そのためには肥料成分含有量が高く、均一な原料堆肥の生産が不可欠である。今後、ペレット堆肥の肥効特性を活用した各種作物への施用方法の開発が進み、肥効調節型ペレットの製造が可能になれば、一層の普及が期待できる。

## 「高窒素化」でもっと売れる

### ウインドレス鶏舎の鶏糞を密閉縦型発酵式で製造

高窒素鶏糞肥料の製造方式を紹介しよう。ここで、高窒素鶏糞肥料の紹介をする意味は、もちろん「売れている鶏糞」だからだ。この売れている鶏糞の形状は「ペレット」。堆肥の成分含有量の年間変動は各成分とも少なく、肥料として（化成肥料のように）利用できる窒素は四％と、非常に窒素が高いことが特徴である。

鶏糞堆肥としては、有機質肥料としての優れた特性を持ち合わせ、窒素が高いばかりではなく、リン酸やカリウムがほどよく含まれ、バランスがよい。最近の研究では、鶏糞中のリン酸とカリウムの有効化率は一〇〇％と見なすことができるので、有効成分バランスは窒素、リン酸、カリがそれぞれ約三％で横並びとなる。

これを通常の野菜類へ施すと、肥料三要素の過不足がまったく生じない。高窒素鶏糞肥料は、こうした理由からも有機質肥料として利用しやすい資材となる。しかし、残念ながらマグネシウム（苦土）はあまり含まれていないので、別途施用が必要となる。

## 有機・無機を問わず窒素主体で設計を組みやすい

高窒素鶏糞肥料は、窒素、リン酸、カリがそれぞれ四％、三％、二％以上と比較的バランスがよい（表4―1）。二〇kg袋には、窒素〇・八kg、リン酸〇・六kg、カリ〇・四kg以上が含まれている。これはそれぞれ硫安四kg、過石四kg、硫加一kgに相当し、化成肥料の金額に換算すると九〇〇円となる。三要素のほか、石灰も含まれているため有機、無機を問わず、リン酸や石灰などを気にすることなく窒素主体の施肥設計を組むことができる。

では、ブロッコリー栽培への施肥事例を見てみよう。慣行施肥では、化成肥料（窒素、リン酸）、苦土石灰を主体に設計が行なわれている。これを高窒素鶏糞で代用すると一〇aあたり四五〇kgで同等程度の肥料成分を投入することができる（表4―2）。慣行と高窒素鶏糞の肥料費はだいたい一万円の差となり、利用側にとってはかなりお得感がある。もちろん、この設計で慣行区と同等程度のブロッコリーができたことはいうまでもない。

**表4－1　高窒素鶏糞肥料の成分含有量と季節変動（％）**

| 時期 | 全窒素 | 無機化率 | 全リン | 全カリ |
|---|---|---|---|---|
| 春 | 5.09 | 53 | 4.98 | 3.83 |
| 夏 | 4.87 | 49 | 5.24 | 3.56 |
| 秋 | 4.77 | 52 | 5.35 | 2.8 |
| 冬 | 4.91 | 53 | 5.42 | 3.05 |
| 平均 | 4.91 | 52 | 5.25 | 3.31 |

**表４－２　三重県のブロッコリー事例**

| | | 慣行区 | 鶏糞区 |
|---|---|---|---|
| | 肥料 | 化成肥料 100kg<br>リン質肥料 40kg<br>苦土石灰 100kg | 鶏糞肥料 450kg |
| 元肥で投入される成分量（kg/10a） | 窒素 | 14 | 14 |
| | リン酸 | 23 | 14 |
| | カリウム | 10 | 10 |
| | カルシウム | 42 | 45 |
| | マグネシウム | 9 | 5 |

## 高窒素鶏糞はこうしてつくる
## ——いかに窒素を残すか

卵用鶏では他の畜種と異なり、各農家ともだいたい同じような市販の配合飼料を使う（地域によってはバラバラのところもある）ため、排せつ直後のナマ糞中には、全窒素として六％が含まれ安定している。高窒素鶏糞肥料をつくるには、このナマ糞にある六％成分をいかに鶏舎内や堆肥の生産工程で飛ばすことなく残すことができるかがキーポイントになる。一連の堆肥生産工程で減少が著しい窒素（尿酸）をうまく調節することができれば、理論上は高窒素鶏糞をつくることができる。ここからは、高窒素鶏糞肥料をつくるためのそれぞれの工程を見てみる。

### ▼乾燥装置のあるウインドレス鶏舎で

窒素成分の安定には、三つ子の魂百までというぐらいで、鶏舎からナマ糞を素早く、かつ一定間隔で行なえる除糞システムが必要となる。この理屈にあっている鶏舎は、ウインドレス鶏舎といえる。ウインドレス鶏舎は鶏舎内に、すでに糞の乾燥装置が装備されている。糞の乾燥は尿酸を分解する微生物の働きを弱めることができるので、鶏舎内での窒素の低下を抑制できる。しかも、全自動で安定した鶏糞の搬出が可能であることもよい。

ウインドレス鶏舎ばかりを後押ししているが、低床・高床式鶏舎でももちろん、素早く除糞をすれば理屈は同じだ。また、低床・高床式鶏舎の糞貯留ポイントに農業用資材で園芸施設の暖房に利用するダクト配管を増設し、床暖房並みに糞を乾燥させるようにすればウインドレス鶏舎と同じような構造になるが、如何せんコストがかかる。

### ▼高温を維持できる密閉縦型発酵式

密閉縦型の堆肥化装置は、堆肥化直後から通気や微生物の影響を受け、堆肥の品温が六〇℃以上の高温条件を維持できる構造である（図4―3）。この構造によって、鶏糞中の尿酸はまったく分解することなく堆肥化を進めることができ、水分調整も容易である。最終的には水分二〇％前後の粉状鶏糞が出来上がる。

堆肥化中の好気的（酸素がある条件）な条件では、蛍光性シュードモナス属などの微生物が尿酸を分解し、アンモニアにしてしまう。微生物は

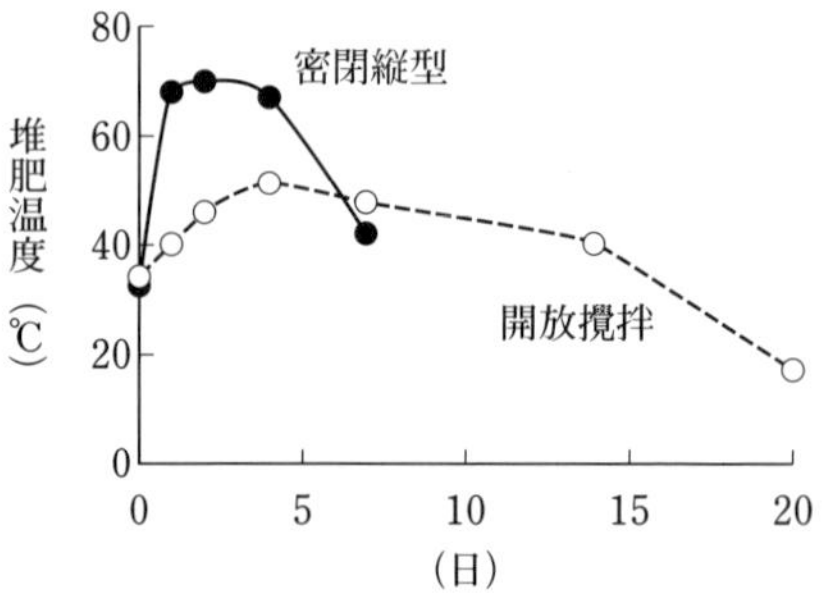


**図4－3　堆肥化方式の相違が堆肥の品温に及ぼす影響**

酵素（ウリカーゼ）を出し、尿酸を分解するが、六〇℃以上の高温条件では働きが極端に弱まる（図4－4）。この微生物の特徴を逆手に利用したものが、密閉縦型である。ただし、導入コストはこれまた高くつく。

**▼もっと低コスト省力的につくるには……**

高くつかない方法としては、ウインドレス鶏舎から出た糞を乾燥ハウスで素早く乾燥（太陽熱利用）させることだ。しかし、乾燥にはできる限り薄く平面にならすように糞を置く必要があるため

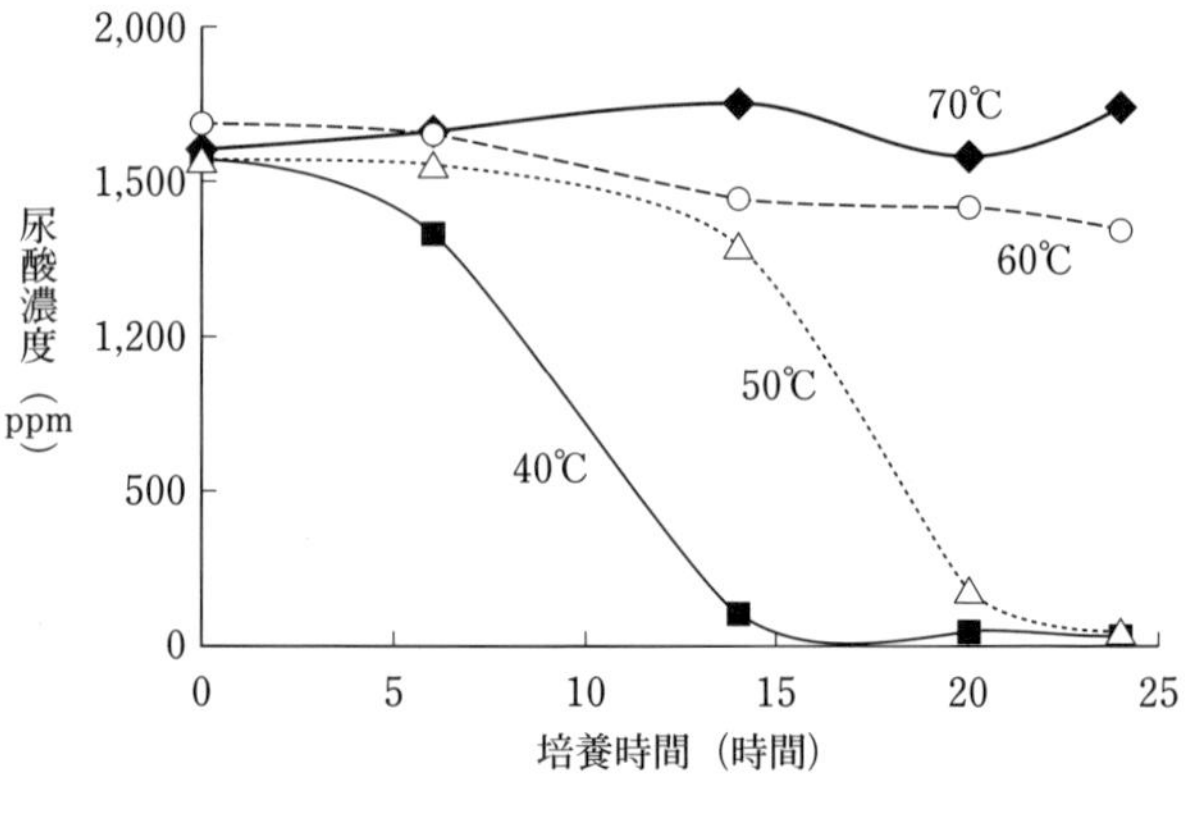


**図4－4　温度の相違がウリカーゼ産生細菌の尿酸分解に及ぼす影響**

田舎の広い敷地を持つ農家に限った話になる。乾燥までには約三～五日でよい。粉状鶏糞が出来上がるが、密閉型の粉状物に比べて見た目はまだまだ鶏糞っぽいのがやや難点だ。

もう一つ強引な方法は、ウインドレス鶏舎から出た糞をそのままペレット化する方法。ペレット

後に素早く乾燥してしまえば、理論上は大丈夫。養鶏家にとっては嵩が減るので置き場に困らないなどの利点もある。しかし、水にペレットを浸すとやはり搬出直後の状態に戻ってしまうため、ナマ鶏糞と同じように扱う必要がある。利用側にとっては養鶏家からナマ鶏糞と聞かない限り、ペレット鶏糞である。そのまま使うと作物に異常をきたす場合もあるので、必ず知らせておきたい。

それぞれに難はあるが、ペレット・乾燥によって保管中の窒素の揮散が防げる（図4―5）。

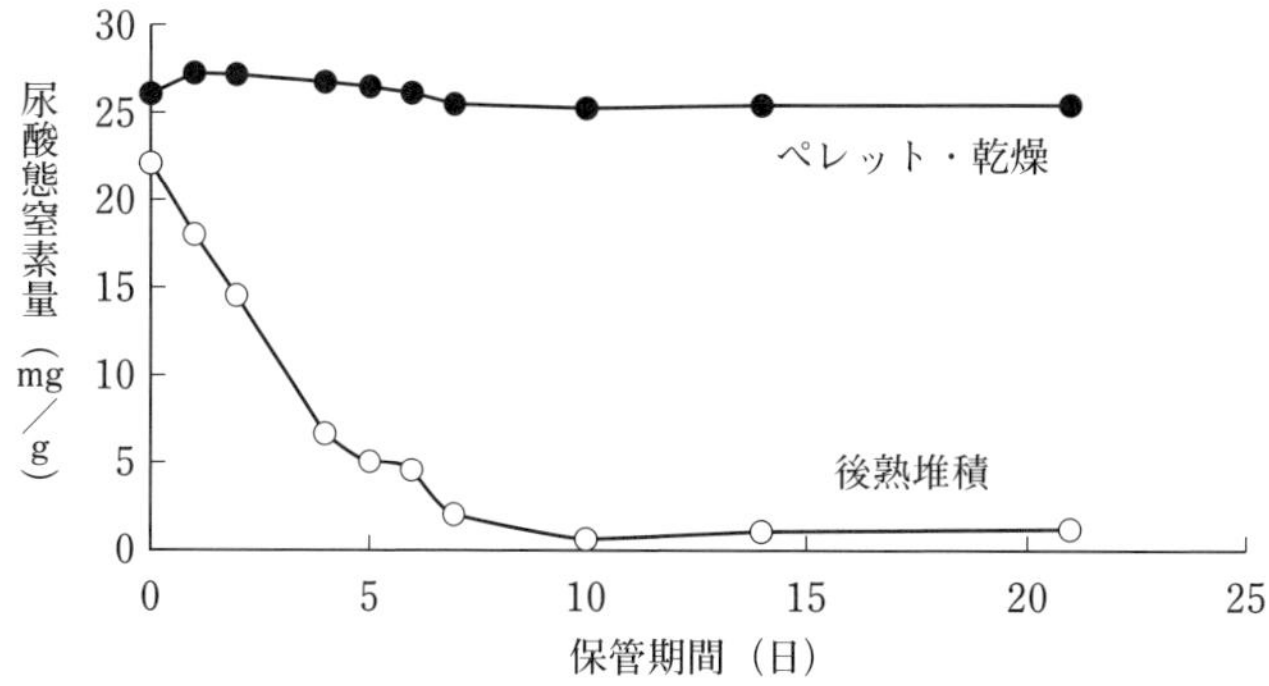


**図4－5　保管方法の相違が鶏糞中の尿酸態窒素量に及ぼす影響**

堆肥化処理条件をもう一度整理すると、ウインドレス鶏舎（糞回収五日以内）→密閉縦型で堆肥化（堆肥化七日以内）→水分一五％以下に乾燥（ペレット化）となる（図4―6）。このような一連の処理を行なうと、最終的には窒素が六％以上の高窒素鶏糞肥料が安定的に生産できる。このような肥料の生産体制が整備できれば、「売れて、もうかる鶏糞」の基礎ができ、収入アップにもつながっていくはずである。

## 「普通肥料」でもっと売れる

### 肥料取締法での普通肥料の加工家きんふん肥料

鶏糞には従来の鶏糞堆肥（特殊肥料）だけでな

### 図4－6　高窒素鶏糞のペレット製造工程

④糞の搬出

①ウインドレス鶏舎(ビッグダッチマン)

⑤密閉縦型発酵(中部エコテック)

②糞の乾燥

⑥ふるい処理

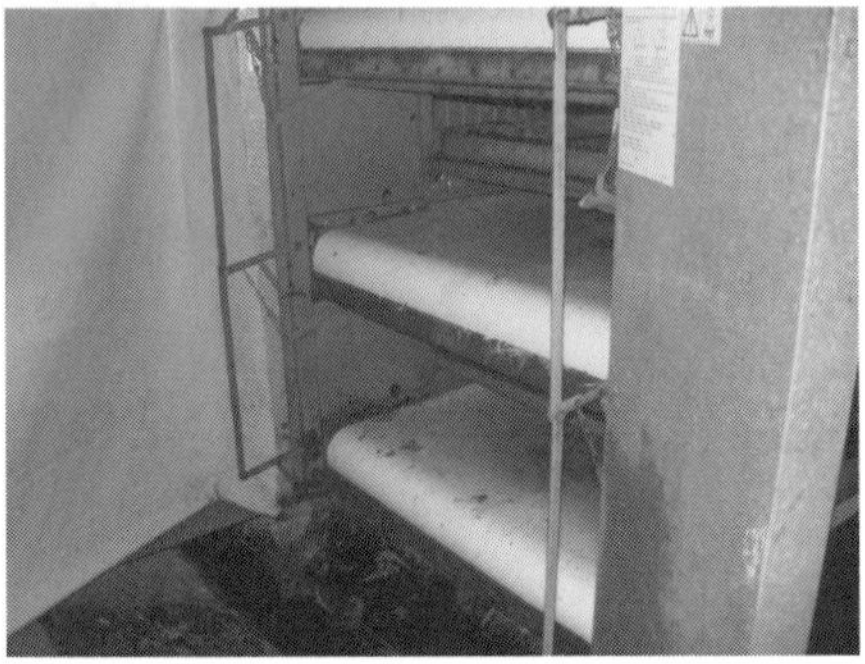

③自動除糞

⑦混合攪拌（大協工業）

⑧造粒（ペレット）（ダルトン）

⑨乾燥

⑩最終ふるい

⑪袋詰め

⑫トラック輸送

く、普通肥料としての措置もとられている。肥料取締法には普通肥料の「加工家きんふん肥料」という規格があり、家きんの糞について「硫酸等を混合して火力乾燥したもの」「加圧蒸煮した後乾燥したもの」「熱風乾燥及び粉砕を同時に行なったもの」「発酵乾燥させたもの」の四種類がある。

加工家きんふん肥料としての鶏糞は含有する窒素が二・五％以上、リン酸が二・五％以上、カリが一・〇％以上あればよい。いっぽう、含有が許される有害成分の最大量は、窒素全量の含有率一・〇％につきひ素〇・〇〇四％、特記事項として水分二〇％以下である。窒素の二・五％以上は全量なので、高窒素ばかりでなく、一般的な堆肥化法を採用している鶏糞でもクリアできる目標値ではないだろうか。

ただし、普通肥料は一般的な化成肥料と同じ分類になるので、定期的に検査が入る。検査のときには保証成分をクリアしていることが大前提となるが、鶏糞はもともとリン、カリはクリアできるので、いかに窒素を残すかが課題となる。

## 従来の鶏糞堆肥（特殊肥料）と異なる登録手続き

普通肥料を生産する場合、行政上の「登録」手続きが必要になり、特殊肥料の「届出」よりもハードルが高い。

特殊肥料は、どのようなものであるかを農林水産大臣が定めており、生産するには製造する事業所のある都道府県に「届出」が必要である。魚カスや米ヌカなどのように、農家の経験と五感により品質が識別できる単純な肥料や、堆肥のように品質が多様で主成分量の多少のみで一律に評価できない肥料が指定されている。必要な書類は、特殊肥料生産業者届、生産工程、原料購入先、登記簿謄本または住民票、地図（生産場所、保管場所の案内図）などである。

普通肥料は、主成分や有害成分などに公定規格が定められ、生産するには（独）農林水産消費安全技術センター（ＦＡＭＩＣ）、または製造する事業所のある都道府県で銘柄ごとに「登録」が必要である。登録には保証票の添付、有効成分や正味重量の保証が義務づけられている。必要な書類は肥料登録申請（新規登録申請）の手引きなどがＦＡＭＩＣのホームページに掲載され、申請書、収入印紙、登記簿、製造設計書、分析証明書、地図、肥料の見本五〇〇ｇが一般的だ。

しかし、普通肥料の登録を取得すれば、鶏糞堆肥（特殊肥料）の時代には考えもつかなかったいろいろなことが実現できる。

## 他の肥料を加えた「指定配合肥料」で多様な展開

普通肥料の登録を取得すると、他の化成肥料を混ぜることができる。公定規格では「指定配合肥料」になる。都府県知事への登録によるものだ。

たとえば、窒素である硫安を混ぜてさらに高窒素にすること。リン酸を混ぜて超山型鶏糞をつくること。苦土を混ぜて総合有機質肥料にすること。ナタネや油カスと混ぜるなど、さまざまな選択肢が生まれる。選択肢が拡がれば販路やニーズまで拡がり当然ながら売れる鶏糞となり、もうかることで経営も安定してくる。近隣の菜園家や専門農家の要望に応えることができれば、鶏糞を見る目も変わってくる。もちろん、地域内の循環も促進されるはずだ。

また、火力や天日で乾燥処理した鶏糞は窒素質肥料としての価値が高い反面、その肥効は速効的で、施用後一週間ほどで大部分の窒素が無機化してしまう。そこで、東京農業大学の後藤逸男教授らは、乾燥鶏糞にゼオライトとクエン酸発酵廃液を混合して、ディスクペレッターなどでペレット化する技術を開発した。環境にやさしい緩効性有機質肥料であり、この技術を使って野菜を栽培すると硝酸イオンの流亡抑制にも効果的であることがわかっている。

今一度、成分や堆肥化を見直し、普通肥料の登録を目指すことも一つのよい目標になる。ただしその場合、製品の安定性を心がける必要がある。

## 一袋（一五kg）五〇〇円でよく売れる「*Suzuka* 有機」

ニワトリの飼い方や鶏糞処理の仕方によって、鶏糞堆肥中の窒素は大きく変わる。そこに着目して成功を収めているのが（有）鈴鹿ポートリーの近藤博信さんである（図４−７）。近藤さんは高窒素鶏糞肥料製造の先駆的モデル農家だ。早くから

図4－7　(有)鈴鹿ポートリーの近藤博信さん

ウインドレス鶏舎を導入し、周辺環境に配慮して鶏糞処理は密閉縦型発酵式を、利用者側のニーズにも配慮してダルトン式のペレットマシーンを導入することで、窒素（尿酸分解）成分を低下させることなく、他の成分も控えめなスーパー有機質肥料「Suzuka 有機」を一袋（一五kg）五〇〇円で販売している。保証はしていないが、分析結果からはニワトリのエサに由来するホウ素やマンガンも含まれている。普通肥料（加工家きんふん肥料）のみならず、苦土入りの「有機トップ1」などの指定配合肥料も多数製造している。

最後に、近藤さんの取り組み経緯と実感・手応えについて紹介しておく（次ページのカコミ記事参照）。

## 高窒素型鶏糞から普通肥料、指定配合肥料へ

初めはとくに肥料として販売するつもりはなかった。周辺環境への悪臭をできる限り最小限にする養鶏経営を目指し、全鶏舎ウインドレス化、必要容量以上の能力を持つ密閉型堆肥化処理施設を導入した。「鶏糞は堆肥」と自分でも思っていたので、「処理経費がマイナスにならなければいい」ぐらいの感覚だった。それが肥料の検査を受けたとき、うちの鶏糞の窒素が高いことを知った。

密閉型を導入した際、ペレットマシーンはタブレット式だった。鶏糞を固める養鶏家は当時まだまだ少なく、固めた堆肥として愛好者が得られ、多くは県内の野菜やお茶に使ってもらった。しかし、「タブレットは畑に撒くと、すぐ構造が崩れてしまう」ともいわれた。「まだ堆肥からの脱却はできていない」と痛感した。そこで、より強固な形状のペレットにチャレンジすると同時に、窒素の安定化も検討した。

窒素はもともと高いことがわかっていたので、安定的に生産することを心がけ、鶏舎からの除糞間隔と密閉型の温度管理を徹底した。鶏舎は遅くとも五～七日に除糞し、密閉型も五～七日サイクルで管理する。密閉型は中部エコテック製を二機持つことでトラブル時にも糞の滞留が起こらない。ペレットは、成型の強度に優れるダルトンの押し出し成型である。利用者も「畑に撒いて埃にならない」とか「袋の中の粉の割合が減った」と喜んでいる。このようにバッチ管理と適正管理が実現できている。

ヒナは、いつも三重ヒヨコから購入し、エサは中部飼料で、生育によってCP（タンパク質）などは調整しているが、ほかにコレといった工夫はしていない。初期投資はかかったが、この鶏糞を加工家きんふん肥料という普通肥料で登録した結果、他の普通肥料を混ぜられるので、さまざまな利用者の要望に応えられる。とくに苦土入りをつくったことは大変よかったと思っている。遠くから車で直接買い付けにくる菜園家もいる。

鶏糞の置き場渡しもしているので、利用者の声が聞こえてくる。「今度はこんな肥料つくってよ」とか「ここがだめだ」とか。怖い利用者もいるが、そういうパイオニアがいての鶏糞肥料だから、そのような声は大切にしている。見学も多いので、博物館をつくった。ぜひ見ていただきたい。

# よくある疑問　手がかりと手引き

## 鶏糞で栽培した野菜が枯れてしまったのはなぜか？

**【質問】** 家庭菜園で鶏糞と化成肥料を使いましたが、秋にはダイコンの葉が枯れ、春先には葉もの野菜が枯れてしまいました。さらにネギの苗を植えた両脇一〇cmくらいに鶏糞を撒いたら苗がぐったりしてしまいました。使い方が間違っていたとは思いますが、何が原因でしょうか？

**【回答】** 肥料あたりが考えられる。鶏糞は牛糞などと比べると、窒素やリン酸などの肥料成分が高い。そのため、発酵鶏糞と乾燥鶏糞を問わず、施用量が多いと肥料にあたってしまうことがある。また、使用する鶏糞があまり発酵しておらず、ナマに近い状態でも、そのような障害が現われる。

肥料あたりが起こるしくみは「浸透圧」で説明できる。容器の真ん中をセロハン（半透膜）で仕切り、片方には真水を入れ、もう片方には砂糖の水溶液を真水と同じ高さに入れる。この容器をしばらく放置すると、真水のほうの水位が下がり、砂糖の水溶液の水位が上がる。これは溶液濃度が等しくなるよう、薄いほうから濃いほうに水が移動するためである。この砂糖を肥料に、真水を根に置き換えて考えるとよい。つまり、肥料あたりで根から水分が奪われるのである。

菜園で鶏糞を使う場合は、収穫が終わり、畑を耕すときに撒くと手間がかからないが、ナマに近い鶏糞の場合はすぐに作付けせず、一カ月程度置いてから作付けすると肥料あたりしない。これは事前に簡易堆肥をつくってもよい。容量でナマの鶏糞五に対し、落ち葉一五、米ヌカ二で混ぜ、水分を四〇％（触って手に少し水が湿る程度）にして約一カ月も置けば、安心して使えるよい堆肥になる。

また、ネギの苗がぐったりしたようなアンモニアによる生理障害の場合は土をかぶせてガスを吸収させ、次の追肥では施肥量を減らす。鶏糞がうまく使えるようになれば、あとは苦土石灰だけで野菜がつくれるようになる。

ただし、トマトなどの果菜類は鶏糞の早く効く窒素が苦手なので、元肥は少なめにし、追肥として使うとよい。追肥として使うときは、根から少し離れたところに溝状に施用するとよい。

→第1章（12ページ～）参照

## どうして牛糞や豚糞よりも窒素成分が高いのか？

**【質問】** ホームセンターでは堆肥袋の窒素の表示が牛糞一・三%、豚糞二・二%、鶏糞三・一%となっていました。どうして鶏糞は牛糞や豚糞よりも窒素成分が高いのでしょうか？

**【回答】** 糞と尿が一緒になっているから窒素成分が多い。公園に落ちているハトの糞を見たことがあるだろうか。糞を覆うように白くなっているはずである。この白い固まり状のものは石灰などではなく、ナマの鶏糞でも見られる尿酸である。鳥類は排せつ腔が一つなので、糞と尿を同時に排せつし、尿由来の尿酸がそのまま糞を覆う。このように糞に尿が混じるし、採卵用の鶏舎では敷料を使わないので、窒素が薄まらない。

また、そもそもニワトリが食べるエサの多くは、有機質肥料に利用されているものなので、肥料のような効果が現われるともいえる。いっぽう、牛は草を食べている。草を土に施しても、なかなか肥料のようには効かない。むしろ草は土壌改良資材である。そのため、牛の糞も土壌改良資材的な効果が高くなるといえる。

→第2章（39ページ～）参照

## どうして鶏糞はモノによって窒素成分が違うのか？

**【質問】** 鶏糞を買うためにホームセンターをまわったら、堆肥袋の窒素の表示は一軒目三・一%、二軒目四・二%、三軒目二・三%でした。どうして、こんなにバラツキがあるのでしょうか？

**【回答】** それぞれの堆肥でつくり方などが違うからである。人間でも個々によって「うんこ」が違うように、鶏糞もニワトリの飼い方と糞の堆肥化の違いによって窒素成分は大きく変わる。

注意したいのは、表示されている数値が化成肥料と同じように、そのまま利用できる窒素ではないということ。多くの耕種農家がこの数値を信じ、しっかり計算して土に施したにもかかわらず裏切られる。もちろん、肥料的効果の高い鶏糞もあるのだが、それを見極めて使うのは、なかなか難しい。

初心者がホームセンターで鶏糞堆肥を購入するときには、（例外もあるが）ニオイで判断する手もある。しっかりとしたニオイがするものは、鶏糞中の尿酸がまだ残っていて、アンモニアに変わったばかりの証拠なので、肥料的効果は残っている。いっぽうで「ニオイは天敵」とばかりに、ニオイのない鶏糞堆肥を選んで買ってしまうと、たいてい窒素が飛んでしまっている。このあたりを目安にするとよい。また、梅雨時期などで湿気があると鶏糞に白カビが生えることもあるが、問題ない。

なお、「ニワトリの品種によって鶏糞の成分に違いがあるのでは？」と思われる方もいるかもしれない。卵用鶏は産卵率（卵を産める能力）が高くなるよう、糞の排せつ量が少なくなるよう品種改良されてきた。そのため、デカルブ、マリア、ボリスブラウンなど、さまざまな種類がある。これらは見た目が白や赤だったり、体の大きさや鶏冠《とさか》の形も違う。トマトでいえば「桃太郎」や「優美」などの品種の違いである。しかし、鶏糞の窒素量を測定すると、種類の違うニワトリであってもエサが一定であれば同じである。

↓第2章（47ページ〜）参照

## 表示されている窒素成分で施肥量を決めていいか？

**【質問】**窒素肥料の代わりに、窒素三・一％の鶏糞を使おうと思います。本で調べたら、ハクサイは一〇aあたり一八kgの窒素が必要です。鶏糞は一八kg×三・一％＝約五六〇kgやればよいでしょうか？

**【回答】**表示通り計算すると肥料不足になる。

表示は全窒素である。ハクサイを育てる場合は、全窒素でなく、そこに含まれている「効く窒素」で設計しなければならない。

まず、だいたいであるが、全窒素三・一％の鶏糞であれば、効く窒素は三分の一の一％程度である。したがって窒素に合わせると、計算した五六〇kgの三倍、一七〇〇kg程度の量が必要になる。これでは、さすがにリン酸や石灰が余分に入ってしまい、土のバランスも崩れる。こういう場合は、できればリン酸の必要量で合わせて、窒素の不足分は硫安か尿素で補いたい。

→第3章（62ページ〜）参照

## 鶏糞のアンモニア臭を和らげる散布方法は？

**【質問】** 肥料代を節約するために鶏糞を使いたいのですが、ニオイがキツいので躊躇《ちゅうちょ》してしまいます。うちの畑は住宅地の中にあるため、散布中のニオイで苦情が出るかもしれません。何か、いい方法がないでしょうか？

**【回答】** すぐに土と混ぜること。鶏糞のニオイのもとは尿酸が分解して生じたアンモニアである。アンモニアは刺激性のある気体で、一般家庭ではトイレ、ペットの排せつ物、肉の腐敗した生ごみなどから出る。私たちが悪臭と感じるニオイの中で塩基性のもっともポピュラーなガスである。分子量が一七と小さいので消臭しにくい。

アンモニアは撒き散らせば揮散して肥料のムダにもなる。アンモニア臭を退治するには、撒いた後すぐに耕すことでニオイが抑えられる。撒くときに埃を完全に取り去ることはできないので、菜園であれば袋に穴をあけて引きずるなどし、時間をかけてゆっくり撒く。広い農地であればライムソワーを使って静かに土壌に落とす。

しかし、それでも強風には勝てないことがある。その場合、粉状品よりもペレット成型された鶏糞であれば埃の心配もなく、ブリッジ（固まって詰まること）も起こさず散布できる。

→第3章（72ページ〜）参照

## 鶏糞と牛糞をどのように使い分けたらよいか？

**【質問】** わが家では化成肥料主体で露地野菜を栽培してきましたが、最近、牛糞と鶏糞を安く調達できるようになりました。それぞれ、どのように使い分けたらよいでしょうか？

**【回答】** おもに鶏糞は肥料、牛糞は土づくり資材と考えて使い分けるとよい。

鶏糞は窒素、リン酸、カリのバランスがよく、野菜の元肥や追肥に使われる。施肥量は一m²あたり三〇〇～五〇〇gである。施肥後の一週間、まれにタネバエの幼虫にやられることがあるので注意する。家庭菜園では全層施肥ではなく、種播きの一週間くらい前、播き筋に沿って一m²あたり一〇〇g前後を条施するとよい。これで野菜をうまく栽培でき、施肥量も少なく済む。なお、根菜類では通常、主根がマタ根になる場合があるため、窒素成分が高い乾燥鶏糞は使わない。

いっぽう、牛糞は肥料成分が窒素、リン酸、カリいずれも低く、一般的には土の団粒化を促進するために使われる。牛糞堆肥を毎年施すと、ミミズなどの小動物も集まってきて、野菜栽培に適した土壌に変化していく。また、生育初期に肥料分の少ないほうがよいスイカやカボチャなどのツルもの、生育期間が長いナスやピーマンなどの元肥に使う。なお、冬の間に休む畑は牛糞だけでなく、モミガラや稲ワラ、落ち葉などをウネの真ん中にすき込んでおくのも有効である。

↓第3章（62ページ）参照

## どうしたら鶏糞がよく売れるようになるのか？

**【質問】** 私は養鶏を営んでいます。羽数を増やすにつれて鶏糞の量も増えてきましたが、鶏糞の販売が思わしくありません。同業者はペレットにしたり、成分を分析したりしているようですが、それで売れるのでしょうか？

**【回答】** 品質がよく、扱いやすくないと売れない。鶏糞の利用者にとっての問題点は次のような指摘がある。言い換えれば、これらをクリアすれば売れる鶏糞になる。

①肥料成分が安定しておらず、化成肥料と比べて肥料の効き方が異なるので栽培管理しにくい（成分安定・肥効の問題）。

②悪臭があったり未熟な堆肥による障害が出る（腐熟度の問題）。

③散布に労力がかかる（物理性の問題）。

また、鶏糞をペレットにすると、次のようなメリットがある。

・圧縮成型による製品容量の減少と品質劣化防止のための乾燥処理によって製品重量が減少し、乾物重量あたりの輸送コストが軽減され、広域流通適性が著しく向上する。
・耕種農家の保有する各種の肥料散布機械での散布が可能になる。高齢化や施設園芸（ハウス）にも対応できる。

さらに、鶏糞を農家みずから分析するのはなかなか難しい。窒素、リン酸、カリ、カルシウム、マグネシウムなどの主要成分だけなら、近くの分析会社に委託すれば、一サンプル二万円程度である。農協や経済連、普及センターや試験場などで分析を行なう場合もあるので一度相談してみてほしい。

いずれにせよ、販売促進の基本は利用者側のニーズに的確に対応することである。耕種農家にとって堆肥は説明がいらない商品であり、商品そのものの重要性も承知している。このことは販売戦略上きわめて有利である。したがって、それ以上に特色ある品質や荷姿など、次のような工夫によって利用促進が期待できる。

①普通肥料登録による差別化。

これによって土壌改良資材でなく、肥料として利用してもらう。さらに成分を調整し、作物の吸肥特性にあった肥料ができれば、作物の生育は順調になり、肥料コストの削減にもつながる。

②包装の工夫（荷姿）。

農協やホームセンターではあらゆる姿の鶏糞堆肥が販売されている。魅力的な荷姿によって利用者が「使ってみたい」と思う。その思いに鶏糞の内容がともなう……。この循環が成立すれば利用促進につながる。

↓第4章（88ページ〜）参照

## 鶏糞を上手に発酵させるポイントをつかむには？

**【質問】**養鶏農家の新人です。ボクは堆肥化の知識も勘もありません。そこで、簡易な堆積式で堆肥化のポイントを学びたいと思います。良質な発酵を進めるために必要な器材を教えてください。それから、もし鶏糞を燃やして炭や灰にしたら、何かに利用できるでしょうか？　あわせて教えてください。

【回答】まず、堆肥の基本について知ることが大切なので、藤原俊六郎著『堆肥のつくり方・使い方』（農文協刊）を参考にしていただきたい。その上で一〇Lのバケツとビニール手袋、温度計を用意する。すべてホームセンターで購入できる。

バケツは容積をはかる道具で、堆肥を一杯入れて重さをはかる。もし、それが四〜六kgであれば、容積重が一Lあたり〇・四〜〇・六kgとなる。これを水分調整の目安にする。温度計は、堆肥化が順調に進んでいるか、客観的に見るために必須である。六〇℃程度あれば、発酵がうまく進んでいるといってよい。ビニール手袋は、堆肥に触るための道具である。堆肥を触ってアンモニア臭があればまだまだ堆肥化途中である。また、堆肥を握って指の隙間から液体がしみ出るくらいであれば、そのまま堆肥化を進める。それよりも乾いていれば水を追加する。これらは堆肥化初期の非常に重要な作業となる。

いっぽう、鶏糞に限らず、炭化物は一般的に炭素と無機塩類で構成され、リンやカリ、石灰などの成分が多く含まれていることから、肥料として利用が期待できる。鶏糞の炭素含量は三九％程度であり、最近の研究では鶏糞の炭化物にはリン酸一一・五％、カリ六・三％、石灰九・一％、焼却灰にはリン酸一六・五％、カリ九％、石灰三八％が含まれており（畜産環境整備機構）、飼料分野で実用化が進められている。また、そのリン成分は卵用鶏糞で一五％、肉用（ブロイラー）鶏糞で二四％であり、リンは肉用鶏糞の処理物に多く含まれている。

ただし、鶏糞の炭化処理は基本的にコストが高額になる。処理コストは開放攪拌式の堆肥化の二倍と試算されている。水分の少ない鶏糞が大前提であり、付加価値をつけた製品開発・流通も不可欠である。

↓第4章（86ページ〜）参照

## 鶏糞をペレット化するには、どの機械がよいか？

【質問】わが家の鶏糞をもっと使ってもらいたくて、ペレット化を考えています。ペレットマシーンにはエクストルーダー方式とディスクペレッター方式があると聞きました。どちらのタイプがいいでしょうか?

【回答】畜産現場に導入されているペレット成型機はディスクペレッター方式が多い。ディスクペレッターにはローラー・ディスクダイ方式、ローラー・リングダイ方式、ダブルダイス方式などがある。直径数ミリの穴が多数あけられたディスクとローラー、あるいは二個のディスクの間に供給された堆肥が、ローラーの回転にともなってディスクの穴に圧送され、ペレット化される構造である。

この方式は、原料堆肥が小石などの硬い異物を多く含むと、ディスクやローラーの消耗が激しく、部品交換が頻繁に必要となる。しかし、オガクズや稲ワラが混ざっても、繊維がディスクとローラーとの間で磨砕されるため、目詰まりが起こりにくい。比較的低水分の原料に適した方式で、乾燥ハウスで仕上げられた堆肥や、密閉縦型発酵装置で生産された堆肥に利用できる。鶏糞堆肥の場合はほぼこの機種でよい。規模にもよるが八〇〇万円台で一式揃えることができる。

いっぽう、エクストルーダー方式はフィーダーを通してバレル内に供給された原料がスクリューによって圧縮、溶融(熱化)を受けながら、先端についているダイス部分に圧送されてペレット化される構造である。この方式は異物の混入による目詰まりに非常に弱い。

しかし、ペレット化時の温度や圧力の制御によって、窒素肥効の異なるペレットの生産が可能であることや、ダイスの交換が容易であるため、多様な形状のペレットを簡単につくれるなどの利点もあり、比較的高水分の原料に適した方式といえる。いずれにしても、ペレット成型機は機種の特徴や原料堆肥の性質、水分などを考慮して選定・導入する。

↓第4章(91ページ〜)参照

## 鶏糞を生産・販売するために必要な手続きは?

【質問】堆肥の製造には、いろいろな法律があると聞きます。注意すべき点について教えてください。とくに、鶏糞を特殊肥料で販売・流通させるには、どのような手続きが必要でしょうか?

【回答】堆肥の製造には大きく肥料取締法と廃棄物処理法、悪臭防止法が関係する。

肥料取締法は堆肥を生産・販売する上で重要で、鶏糞の場合、生産方法の工夫や他の原料との組み合わせで、普通肥料として登録する方法も考えられる。肥料メーカーでは、有機質肥料を積極的に普通肥料で登録し、品質管理を徹底することで、耕種農家のニーズに即し、販売促進している。

　堆肥の原料となるナマ鶏糞は廃棄物処理および清掃に関する法律（廃掃法）で産業廃棄物と定められている。養鶏農家が自前で堆肥化する場合は必要ないが、堆肥センターのような施設では産業廃棄物処理業（中間処理業）の許可が必要である。収集運搬を行なう場合は産業廃棄物収集運搬業の許可も必要である。県境を越えて運搬する場合は、都道府県からの指導を受ける場合もあるので注意が必要である。これらは各都道府県の窓口に相談する。

　堆肥や動物の排せつ物を特殊肥料として生産・販売するには届出が必要である。販売には包装の見やすい箇所に品質表示を行なう。表示は包装などに印刷するか、表示事項を記載したものを貼り付ける。販売に包装を利用しない場合には、利用者に表示事項を記載したものを手渡す。堆肥の成分の含有量は窒素全量（%）、リン酸全量（%）、カリ全量（%）、C／N比、水分含有量（%）、その他条件により銅、亜鉛、石灰の表示が定められている。

→第4章（97ページ〜）参照

## 参考文献


中央畜産会：新畜産環境保全指導マニュアル（二〇一一）
藤原俊六郎・安西徹郎・加藤哲郎：土壌診断の方法と活用、農山漁村文化協会（一九九六）
藤原俊六郎：堆肥のつくり方・使い方、農山漁村文化協会（二〇〇三）
藤原俊六郎：肥料の上手な効かせ方、農山漁村文化協会（二〇〇八）
後藤逸男・村上圭一：根こぶ病　土壌病害から見直す土づくり、農山漁村文化協会（二〇〇六）
神奈川県農政部農業技術課：未利用資源堆肥化マニュアル（一九九七）
三重県：肥料高騰化対策（二〇〇八）
村上圭一：高窒素鶏ふん肥料の製造、農林水産情報協会（二〇〇九）
西尾道徳・藤原俊六郎・菅家文左衛門：有機物をどう使いこなすか、農山漁村文化協会（一九八八）
農山漁村文化協会編：畜産環境対策大事典、農山漁村文化協会（二〇〇四）
農山漁村文化協会編：野菜の施肥と栽培　果菜編、農山漁村文化協会（二〇〇六）
農山漁村文化協会編：野菜の施肥と栽培　根茎菜・芽物編、農山漁村文化協会（二〇〇六）
農山漁村文化協会編：野菜の施肥と栽培　葉菜・マメ類編、農山漁村文化協会（二〇〇六）
農林水産省消費安全局農産安全管理課監修：ポケット肥料要覧、農林統計協会（二〇〇九）
大蔵永常：農稼肥培論、農山漁村文化協会（一九九六）
山口武則・原田靖生・築城幹典：農林水産省農業研究センター研究資料41（二〇〇〇）
有機質資源化推進会議：有機廃棄物資源化大事典、農山漁村文化協会（一九九七）
全国土の会：農家のための土壌学（四訂版）、東京農業大学土壌学研究室（二〇〇三）

## 著者略歴


**村上　圭一**（むらかみ　けいいち）

1997年　東京農業大学大学院修了

三重県入庁、農林水産部、中央農業改良普及センター、科学技術振興センター農業研究部、農業研究所主任研究員を経て、現在農水商工部農業経営室主査。

2006年日本土壌肥料学雑誌論文賞、2009年日本土壌肥料学会奨励賞受賞。

博士（農芸化学）。

著書に「施肥管理と病害発生」（共著、2004、博友社）、「根こぶ病　土壌病害から見直す土づくり」（共著、2006、農文協）

**藤原　俊六郎**（ふじわら　しゅんろくろう）

1970年　島根大学農学部卒

神奈川県農業総合研究所、同園芸試験場、県農政部農業技術課などを経て、神奈川県農業技術センター副所長で退職。現在、明治大学農学部特任教授。

農学博士。技術士（農業）。

著書に「肥料の上手な効かせ方」(2008)、「堆肥のつくり方・使い方」(2003)、「有機物をどう使いこなすか」(共著、1988)、「ベランダ・庭先でコンパクト堆肥」(共著、1990)、「土壌診断の方法と活用」（共著、1996）、「有機廃棄物資源化大事典」（共著、1997）、「土壌肥料用語事典」（共著、1998）、「家庭でつくる生ごみ堆肥」（監修、1999）、「野菜の施肥と栽培」（共著、2006）。いずれも農文協。



**鶏糞を使いこなす**

2012年3月10日　第1刷発行
2017年2月10日　第4刷発行

著者　村上圭一　藤原俊六郎

発行所　一般社団法人　農山漁村文化協会
住　所　〒107-8668　東京都港区赤坂7丁目6-1
電　話　03(3585)1141(営業)　03(3585)1147(編集)
FAX　03(3585)3668　振替　00120-3-144478
URL　http://www.ruralnet.or.jp/

ISBN978-4-540-09251-0　DTP制作／(株)農文協プロダクション
〈検印廃止〉　印刷／(株)新協

## 農文協の図書案内

【著者の本】

だれでもできる
**肥料の上手な効かせ方**
基礎からわかる野菜の施肥
藤原俊六郎 著
1500円＋税

露地でも一般的になりつつある養分過剰、メタボな畑。これまでの施肥管理では作物にも環境にもうまくない。過剰施肥を防ぎながらきっちり効かすワザとポイントを基礎から解説。省力で良品多収を目指す人の施肥実技。

おもしろ生態とかしこい防ぎ方
**根こぶ病**
土壌病害から見直す土づくり
後藤逸男・村上圭一 著
1619円＋税

アブラナ科野菜特有の土壌病害。その発生生態を施肥や土づくりとの関わりから明らかにし、農薬に頼らない防除法を紹介。リン酸を減らし、転炉スラグで酸性改良すれば連作するほど菌が減り、発病しない土になる！

**新版 土壌肥料用語事典 第2版**
土壌編、植物栄養編、土壌改良・施肥編、肥料・用土編、他
藤原俊六郎・安西徹郎・小川吉雄・加藤哲郎 著
2800円＋税

生産・研究現場の必須用語を網羅。土壌とその機能、植物栄養と品質、地力や肥料による作物生産、効率施肥、有機質活用、環境保全などの分野で新用語を充実。現場からの関心、角度で読みとれる関係者必携の一冊。

**土壌診断の方法と活用**
付 作物栄養診断・水質診断
藤原俊六郎・安西徹郎 他著
2819円＋税

環境保全型と高品質生産の両立にむけた診断の基礎と土壌養液診断、パソコン活用などの最新ノウハウを紹介。現地調査、化学分析にリアルタイム診断を組み合わせた総合的、実践的診断への筋道と実際を示す決定版。

【本書で紹介された本】

日本農書全集 第六九巻
**学者の農書 1**
**農稼肥培論** 大蔵永常 著／**培養秘録** 佐藤信淵 著
徳永光俊 解題
6190円＋税

蘭学の知識と各地の老農の知恵、自らの観察眼をもとに展開した肥料・土壌論。現代の土壌・肥料学者も「ミネラルの大循環を直感していた二大農学者」として高く評価。地域資源を活用する自然農法実践者には最良の書。

（価格は改定になることがあります）